1 MONTH OF
FREE
READING

at

www.ForgottenBooks.com

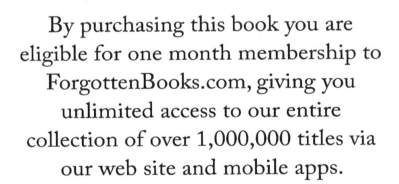

By purchasing this book you are eligible for one month membership to ForgottenBooks.com, giving you unlimited access to our entire collection of over 1,000,000 titles via our web site and mobile apps.

To claim your free month visit:

www.forgottenbooks.com/free742953

ISBN 978-0-484-28011-2
PIBN 10742953

DEUXIÈME EXPÉDITION ANTARCTIQUE FRANÇAISE

(1908-1910)

COMMANDÉE PAR LE

Dr JEAN CHARCOT

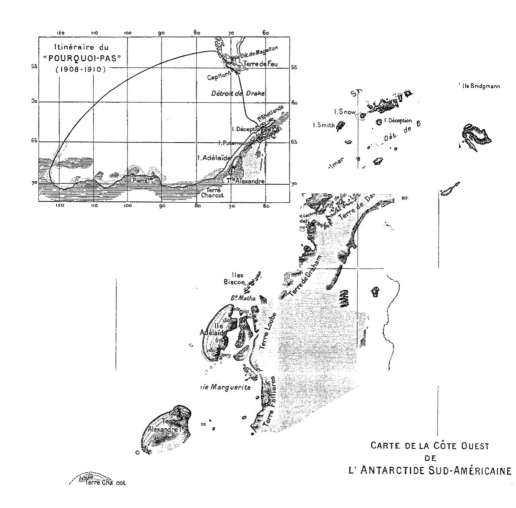

CARTE DE LA CÔTE OUEST
DE
L' ANTARCTIDE SUD-AMÉRICAINE

CARTE DES RÉGIONS PARCOURUES ET RELEVÉES PAR L'EXPÉDÍTION

MEMBRES DE L'ÉTAT-MAJOR DU " POURQUOI-PAS ? "

J.-B. CHARCOT

M. BONGRAIN. . . . . Hydrographie, Sismographie, Gravitation terrestre, Observations astronomiques.
L. GAIN. . . . . Zoologie *(Spongiaires, Échinodermes, Arthropodes, Oiseaux et leurs parasites)*, Plankton, Botanique.
R.-E. GODFROY . . . . Marées, Topographie côtière, Chimie de l'air.
E. GOURDON . . . . Géologie, Glaciologie.
J. LIOUVILLE . . . . Médecine, Zoologie *(Pinnipèdes Cétacés, Poissons, Mollusques, Cœlentérés Vermidiens, Vers Protozoaires, Anatomie comparée, Parasitologie).*
J. ROUCH. . . . . Météorologie, Océanographie physique, Électricité atmosphérique.
A. SENOUQUE. . . . . Magnétisme terrestre, Actinométrie, Photographie scientifique.

OUVRAGE PUBLIÉ SOUS LES AUSPICES DU MINISTÈRE DE L'INSTRUCTION PUBLIQUE

SOUS LA DIRECTION DE L. JOUBIN, Professeur au Muséum d'Histoire Naturelle.

DEUXIÈME EXPÉDITION ANTARCTIQUE FRANÇAISE

(1908-1910)

COMMANDÉE PAR LE

Dr JEAN CHARCOT

———

SCIENCES PHYSIQUES : DOCUMENTS SCIENTIFIQUES

———

OCÉANOGRAPHIE PHYSIQUE

PAR J. ROUCH

Enseigne de vaisseau.

———

MASSON ET Cⁱᴱ, ÉDITEURS

120, Bd SAINT-GERMAIN, PARIS (VIᵉ)

—

1913

LISTE DES COLLABORATEURS

MM. Trouessart............ *Mammifères.*
ANTHONY et GAIN ..... *Documents embryogéniques.*
LIOUVILLE .... *Phoques, Cétacés* (Anatomie, Biologie).
GAIN .... *Oiseaux.*
* ROULE.............. *Poissons.*
SLUITER .... *Tuniciers.*
JOUBIN.............. *Céphalopodes, Brachiopodes, Némertiens.*
* LAMY.............. *Gastropodes, Scaphopodes et Pélécypodes.*
* J. THIELE .... *Amphineures.*
VAYSSIÈRE .... *Nudibranches.*
* KEILIN............. *Diptères.*
* IVANOE............. *Collemboles.*
TROUESSART et BERLESE. *Acariens.*
* NEUMANN .... *Mallophages, Ixodides.*
* BOUVIER .... *Pycnogonides.*
COUTIÈRE .... *Crustacés Schizopodes et Décapodes.*
* Mlle RICHARDSON.......... *Isopodes.*
MM. CALMAN ....·.......... *Cumacés.*
* DE DADAY........... *Ostracodes, Phyllopodes, Infusoires.*
* CHEVREUX .... *Amphipodes.*
CÉPÈDE.............. *Copépodes.*
* QUIDOR............. *Copépodes parasites.*
CALVET .... *Bryozoaires.*
* GRAVIER .... *Polychètes, Crustacés parasites et Ptérobranches.*
HÉRUBEL............. *Géphyriens.*
* GERMAIN............ *Chétognathes.*
* DE BEAUCHAMP....... *Rotifères.*
RAILLIET et HENRY..... *Helminthes parasites.*
* HALLEZ.............. *Polyclades et Triclades maricoles.*
* KŒHLER .... *Stellérides, Ophiures et Échinides.*
VANEY .... *Holothuries.*
PAX .... *Actiniaires.*
BILLARD .... *Hydroïdes.*
TOPSENT .... *Spongiaires.*
* PÉNARD .... *Rhizopodes.*
FAURÉ-FRÉMIET........ *Foraminifères.*
CARDOT.............. *Mousses.*
* Mme LEMOINE.............. *Algues calcaires* (Mélobésiées).
* MM. GAIN................ *Algues.*
MANGIN.............. *Phytoplancton.*
PERAGALLO........... *Diatomées.*
HUE .... *Lichens.*
METCHNIKOFF .... *Bactériologie.*
GOURDON............. *Géographie physique, Glaciologie, Pétrographie.*
BONGRAIN........... *Hydrographie, Cartes, Chronométrie.*
* GODFROY .... *Marées.*
* MÜNTZ .... *Eaux météoriques, sol et atmosphère.*
* ROUCH .... *Météorologie, Électricité atmosphérique, Océanographie physique.*
SENOUQUE .... *Magnétisme terrestre. Actinométrie.*
J.-B. CHARCOT........ *Journal de l'Expédition.*

Les travaux marqués d'une astérisque sont déjà publiés.

OCÉANOGRAPHIE PHYSIQUE

Par J. ROUCH, Enseigne de vaisseau.

CHAPITRE PREMIER

Installations des instruments et procédés employés.

Le programme de l'Expédition antarctique du Dr Charcot comprenait des sondages et des dragages, effectués le plus fréquemment possible, en particulier sur le Plateau Continental.

Sondages. — Notre machine à souder, système Lucas, de la *London Telegraph Construction Company*, pouvait recevoir 5 000 brasses de fil d'acier de $0^{mm},9$ de diamètre, dit corde à piano. Un moteur électrique relevait le fil. Nous devions faire avec ce fil les sondages de grande profondeur, et, sur le Plateau Continental que nous devions explorer avec plus de soin, le remplacer par un câble à trois torons de $2^{mm},3$ de diamètre (modèle de Monaco), qui pouvait permettre d'accrocher en toute sécurité plusieurs instruments. Malheureusement l'usage de ce câble s'est montré impraticable. D'abord notre moteur était trop faible pour le relever ; ensuite la résistance de l'eau et le poids du fil rendaient difficile, avec la machine à sonder Lucas, l'appréciation du moment où le plomb touchait le fond. Un fil intermédiaire entre le câble à trois torons et la corde à piano me paraîtrait convenable. Nous avons été forcés de nous servir uniquement de la corde à piano. Nous ne pouvions évidemment songer à mettre, sur un fil aussi cassable, plus d'un instrument à la fois.

Pendant la première campagne d'été, nous n'avons pris des échantillons d'eau qu'au fond de la mer et à la surface. Nous nous servions d'une petite bouteille Richard, accrochée au-dessus du plomb de sonde qui était soit un sondeur Léger, soit un sondeur Buchanan. La température était prise en même temps que l'échantillon à l'aide d'un thermomètre à renversement Chabaud ou Richter, étalonné avant le départ et dont nous avions vérifié sur place le zéro. La boûteille Richard a toujours parfaitement fonctionné. Les sondeurs ramenaient rarement du fond, le fond étant surtout constitué de roches. La bouteille du sondeur Buchanan a eu un fonctionnement assez défectueux, car le froid avait enlevé toute élasticité aux soupapes en caoutchouc. Il serait bon d'emporter des soupapes de rechange, dont on surveillerait la conservation. Quand nous nous servions du sondeur Léger, le poids du sondeur suffisait parfaitement au fonctionnement de l'appareil ; quand nous nous servions de la bouteille Buchanan, nous chargions le fil d'un boulet en fonte de 15 kilogrammes.

Pendant la deuxième campagne d'été, comme nous opérions par des profondeurs beaucoup plus grandes, nous n'avons jamais accroché de bouteille Richard au fil de sonde de la machine Lucas. Toutes les prises d'eau ont été faites à la main, soit avec le sondeur Thomson, soit avec un petit treuil fabriqué à bord, et qui contenait 1 000 mètres de câble à trois torons de $2^{mm},3$ de diamètre. Nous suspendions à ce câble une ou deux bouteilles Richard avec leur thermomètre. Ces opérations étaient assez longues, et, comme le temps accordé aux sondages dans ces régions est toujours forcément limité, elles n'ont pas pu être répétées fréquemment. La machine Lucas ne nous servait qu'à mesurer la profondeur de la mer. Un appareil à déclenchement simple avait été fabriqué à bord, et à chaque sondage nous perdions le boulet de 15 ou de 20 kilogrammes qui chargeait le fil. D'ailleurs le fonctionnement du moteur électrique s'était montré défectueux, et la petite machine à vapeur qui l'avait remplacé était juste capable de relever le fil sans aucun poids supplémentaire.

La machine à sonder était sur l'arrière du « Pourquoi Pas ? » pendant la première campagne d'été, et à bâbord devant pendant la seconde. La disposition du tuyautage nécessita ce changement lorsqu'on remplaça le moteur électrique par une machine à vapeur.

Le premier poste était préférable, car le fil de sonde était ainsi plus facilement à l'abri des iceblocks, et, d'autre part, la dérive, forcément importante avec un navire très fardé et peu manœuvrant, n'avait pas l'inconvénient de faire passer le fil sous la coque et de causer ainsi presque toujours sa rupture.

Nous avons fait plusieurs sondages en embarcation, le long des côtes, tandis que le « Pourquoi Pas? » était au mouillage. Nous nous servions alors d'une petite machine à main Lucas, sur laquelle on peut mettre 300 mètres environ de fil d'acier en torons de 1 millimètre de diamètre. Ce fil était assez solide pour supporter sans se rompre soit un sondeur Léger, soit une bouteille Richard. Pendant l'hivernage, nous nous sommes servis de cette machine pour sonder et pour faire des prises d'eau. Quand nous ne pouvions pas aller en embarcation, la machine était installée sur un traineau, et on sondait en faisant un trou dans la banquise. Il faut avoir soin en hiver de bien sécher le fil avant de l'enrouler sur le treuil, car sans cela l'eau entraînée se congèle presque aussitôt, et il est impossible de se servir de la machine une deuxième fois.

Conservation des échantillons. — Aussitôt la remontée à bord de l'appareil de sonde, le dépôt recueilli par le sondeur était mis dans un sac en toile et séché sur le poêle du carré ou dans la chaufferie. Quand on s'était servi du sondeur Buchanan, le boudin était extrait à l'aide d'un mandrin en bois, le sens du sondeur marqué par une flèche ; lorsque le boudin était sec, on l'enveloppait dans un morceau de calicot étiqueté.

Par suite de la moisissure qui prenait naissance et se développait avec une intensité extraordinaire, les fonds argileux étant difficiles à sécher complètement, les sacs en toile étaient mis rapidement hors d'usage, et j'ai dû les changer plusieurs fois. Le passage à l'équateur au retour leur a été très nuisible à cause du changement de température. Je crois que le procédé du sac n'est pas un procédé de conservation à recommander dans une expédition où il faut toujours aller vite et où il est difficile de faire sécher d'une manière absolue les échantillons avant de les envelopper.

Nous avons ainsi rapporté en France 36 échantillons récoltés dans l'Antarctique et qui ont été remis à la Commission chargée d'examiner les Résultats scientifiques de l'Expédition.

Les échantillons d'eau de mer, recueillis plusieurs fois par jour à la surface et, en profondeur, chaque fois que l'on faisait un sondage, étaient conservés dans des petits flacons en verre, bouchés hermétiquement, et contenant environ 175 centimètres cubes d'eau. Le flacon était rincé soigneusement avec l'eau de l'échantillon et étiqueté, et conservé à bord dans des caisses spéciales jusqu'à ce que la titration soit faite. Lorsque la bouteille Buchanan avait fonctionné, l'échantillon était mis dans des bouteilles d'un litre, bouchées et paraffinées à peu près aussitôt. Nous prenions alors aussi un échantillon d'un litre d'eau de surface. Nous avons récolté aussi plusieurs échantillons de glace de mer. La glace était récoltée à la surface de la mer, mise dans un seau, fondue à la chaleur du poêle du carré, puis mise en bouteille comme l'eau. Nous avons pu ainsi remettre 24 échantillons d'eau d'un litre à la Commission.

Nous avons nous-même déterminé la titration des échantillons d'eau conservés dans les petits flacons.

DRAGAGES. — L'appareil à draguer consistait en un treuil pour relever le chalut et en une bobine d'enroulement à moteur à vapeur qui enroulait le câble à mesure que le chalut montait. C'était le treuil des ancres qui servait à relever le chalut, et dans ce but il était muni d'une poupée spéciale avec compteur de tours.

Une bôme de charge faisait déborder le cable du chalut de 3 à 4 mètres en dehors de la coque, pendant le dragage et pendant la remontée du câble. Deux bras en chaînes, amarrés sur le gaillard d'avant, permettaient à la bôme d'étaler l'effort du dragage. A l'extrémité de la bôme, un dynamomètre à ressort indiquait la tension supportée par le câble.

Le passage du câble était le suivant : poulie à l'extrémité de la bôme supportée par le dynamomètre, poulie au pied de la bôme, poupée de treuil et bobine d'enroulement. La bobine d'enroulement, munie d'un frein à friction, portait 5 000 mètres de câble d'acier de 10 millimètres de diamètre.

Ce système était vraiment très pratique, et deux hommes seuls suffisaient à faire toute la manœuvre. Malheureusement, à partir de 500 mètres, le moteur d'enroulement était trop faible pour étaler le câble sur la poupée du treuil, et le relevage du filet vertical à 950 mètres fut très difficile.

Ce défaut de puissance nous a condamnés à ne pas faire de dragages très profonds. D'autres considérations d'ailleurs intervinrent, à supposer qu'on en ait eu le loisir. Le treuil des ancres échappait à l'air libre et consommait une énorme quantité d'eau à cause des condensations dans le long tuyautage d'admission refroidi par l'air. Cette perte d'eau était pour nous très importante et contribuait à rendre ces opérations peu sympathiques.

Les engins dont nous nous sommes servis pour draguer, sonder et chaluter étaient du modèle courant qui sert à bord de la « Princesse-Alice », et que M. le Dr Richard a décrit en détail dans son livre *l'Océanographie*. Le chalut qui, pour nous, fut le plus pratique était un petit chalut à étrier d'un mètre d'ouverture.

Nous avions aussi emporté des nasses triédriques en bois et en filet, et des filets pélagiques à grande ouverture (filets verticaux), de dimensions malheureusement tellement encombrantes que leur maniement était, à bord de notre petit bateau, très difficile.

Je remercie S. A. S. le Prince de Monaco de la magnifique collection d'instruments qu'Il a prêtée à notre expédition et de l'hospitalité qu'Il m'a offerte à bord de la « Princesse-Alice » afin que je puisse, avant le départ, me familiariser avec les procédés modernes de l'océanographie.

Je remercie aussi le Dr Richard, directeur du musée océanographique de Monaco, de tous les bons conseils qu'il m'a donnés.

Enfin je dois exprimer d'une façon toute particulière ma reconnaissance à mon collaborateur, M. Nozal, capitaine au long cours, qui, par son zèle et son ingéniosité, a contribué pour une part très grande à la réussite de mes travaux.

CHAPITRE II

Sondages.

Les sondages que nous avons effectués à bord du « Pourquoi Pas ? » peuvent se diviser en plusieurs séries :

1º Sondages côtiers ;

2º Sondages sur le Plateau Continental de la Terre de Graham et de la Terre Alexandre-Iᵉʳ ;

3º Sondages dans le détroit de Bransfield ;

4º Sondages dans la mer de Bellingshausen.

Nous publions la liste complète de tous les sondages des trois dernières séries. Au point de vue océanographique, ce sont évidemment les plus importants. On trouvera le détail des sondages nombreux que nous avons faits dans les baies de l'Amirauté, de Déception, dans le chenal Peltier, dans le voisinage de Port-Circoncision, dans la baie Matha, dans la baie Marguerite sur les plans particuliers publiés par M. Bongrain.

La nature du fond indiquée sur la liste des sondages n'a pas été donnée par des analyses. C'est simplement la nature apparente de l'échantillon rapporté par le sondeur. Ces échantillons, au nombre de trente-six, ont été remis à la Commission des travaux de l'Expédition, et leur constitution sera étudiée dans un volume particulier.

Sondages côtiers. — La plupart des baies que nous avons explorées sont très profondes. Elles rappellent la formation classique des fiords. Les fonds sont composés surtout de vases et de boues glaciaires, et rarement de roche.

La baie de l'Amirauté, dans l'île du Roi-George, n'avait jamais été sondée. Nous y avons trouvé des profondeurs de plus de 500 mètres, et, dans la plupart des anses qui la découpent, la sonde est descendue à 100 mètres, presque à toucher le visage. Le fond est de vase grise.

Port-Foster, dans l'île Déception, n'avait jamais été non plus sondé d'une façon détaillée. Nous n'avions comme renseignement sur les profondeurs au milieu du port que le chiffre de Foster, 97 brasses, c'est-à-dire 175 mètres. Nous avons trouvé au même endroit 170 mètres. Le fond remonte ensuite très régulièrement jusqu'au rivage. Partout on trouve une vase noire mêlée de cendres et de petits cailloux volcaniques.

Dans le détroit de Gerlache, à l'entrée du chenal de Schollaërt, notre sondage de 710 mètres montre que la profondeur de 695 mètres, trouvée par la « Belgica » plusieurs milles au Nord, n'est pas exceptionnelle. Tout ce détroit doit être très profond. Nos sondages dans le chenal de Roosen et le chenal Peltier complètent la carte qu'avait dressée M. Matha pendant l'expédition du « Français ». Au pied de la falaise de glace de l'île Wiencke, la sonde est descendue jusqu'à 144 mètres ; nous étions là probablement en présence d'une formation glaciaire analogue, en tout petit, à la Grande Barrière de la mer de Ross (Voir le *Rapport de M. Gourdon sur la Glaciologie de la Terre de Graham*).

Le chenal de Lemaire, que nous avons sondé à plusieurs reprises au voisinage de l'île Peterman et de l'île Hovgard (Krogman), est aussi très profond, surtout entre Hovgard et le massif du Glacier-Suspendu, où nous n'avons pas trouvé le fond par 340 mètres.

Dans la baie Matha, nous avons relevé une profondeur de 560 mètres et plusieurs supérieures à 300 mètres. La profondeur maxima a été trouvée au fond de la baie. Le fond est en général de vase verdâtre.

Nous n'avons exploré la baie Marguerite que dans le voisinage de l'île Jenny. Le fond est très mouvementé et dépasse parfois 200 mètres. Nous avons trouvé cependant un profondeur de 63 mètres, avec un fond de vase verte et de coquillages, entre l'île Léonie et l'île Jenny, et il est probable qu'une exploration plus approfondie nous aurait révélé des fonds moins grands.

Sondages sur le Plateau Continental de la Terre de Graham et de la Terre Alexandre-Ier. — Avant l'expédition du « Pourquoi Pas ? », on n'avait sur le Plateau Continental de la Terre de Graham et de la Terre Alexandre-Ier que quelques renseignements épars : un sondage de la « Belgica » et deux sondages du « Français ».

Pendant notre première campagne d'été, nous avons sondé d'une façon fréquente dans le voisinage des îles Biscoë, au large de l'île Adélaïde et entre l'île Adélaïde et la Terre Alexandre-Ier. Le fond est excessivement accidenté, et, à quelques milles de distance, on trouve des différences de plus de 200 mètres. Parfois, tout près des terres, on rencontre de véritables trous, comme celui de 860 mètres par $L = 67°50'$ S et $G = 68°08'$ W, au sud-est de l'île Jenny. Presque toujours le fond est de roche. A 6 milles de la falaise de glace de l'île Adélaïde, dans une ligne de sondes assez régulière, le fond dépasse 400 et même 500 mètres. Parmi les sondages que nous avons faits pendant la deuxième campagne d'été, le sondage n° 57 (320 mètres par $L = 63°25'$ S et $G = 63°55'$ W) montre que le Plateau Continental s'étend au moins à une cinquantaine de milles au large de l'archipel Palmer; le sondage n° 58 (2 500 mètres par $L = 64°55'$ S et $G = 68°30'$ W) assigne une limite au Plateau Continental de la Terre de Graham et permet de tracer les isobathes le long de la côte d'une façon moins hypothétique.

En résumé, le Plateau Continental de la Terre de Graham est très profond et très accidenté. Il s'étend parfois jusqu'à 100 milles des côtes, puisque le « Français » a trouvé 448 mètres de profondeur par $L = 67°30'$ S et $G = 73°00'$ W.

Sondages dans le détroit de Bransfield. — D'après le sondage n° 1, où nous n'avons pas trouvé le fond par 2 800 mètres, les isobathes doivent se rapprocher beaucoup de l'île Smith. Les grandes profondeurs que nous avons relevées dans le détroit de Bransfield (1 440 mètres, 1 400 mètres, 1 320 mètres) sont tout à fait analogues à celles qu'avait trouvées, en des points différents, l'Expédition du Dr Nordenskjold. A 1 mille à l'est de l'île Bridgman, la sonde est descendue à 600 mètres.

Sondages dans la mer de Bellingshausen. — Nos chiffres, pour cette région, s'ajoutent à la liste de sondages qu'a rapportée la magnifique campagne de la « Belgica ».

A l'est, les sondages du n° 59 au n° 63 complètent nos données sur le plateau continental de la Terre Alexandre-Ier et de la Terre Charcot. Au nord de la dérive de la « Belgica », l'Océan Pacifique est plus profond qu'on ne le supposait : sa profondeur dépasse 4 000 mètres par 69° de latitude sud. A quelques milles au nord de l'île Pierre-Ier, nous avons fait descendre la sonde jusqu'à 1 400 mètres sans trouver le fond. Cette ile monte donc presque à pic du fond de l'océan.

La loi que signalait M. de Gerlache, à savoir que les fonds augmentent sur le même parallèle à mesure que l'on avance vers l'ouest, n'est plus exacte à partir du 105e degré de longitude, puisque, par $L = 70°05'$ S et $G = 118°50'$ W, nous trouvons le fond à 1 050 mètres, alors que plus à l'est, sur le même parallèle, on a des fonds qui dépassent 3 000 mètres. Il y a donc là un important soulèvement du fond, et, si l'on en juge par analogie, nous n'étions pas loin du Plateau Continental. C'est là un des résultats les plus importants de notre campagne océanographique.

Enfin, par $L = 66°15'$ S et $G = 119°26'$ W, nous avons découvert une fosse de plus de 5 000 mètres de profondeur.

Ces divers sondages nous ont permis de dessiner deux cartes bathymétriques (Pl. I). La première comprend les sondages principaux que nous avons faits près de la Terre de Graham et des terres voisines. Beaucoup de lignes isobathes sont tracées encore d'une façon hypothétique, malgré le nombre assez grand de nos sondages, parce que le fond est très irrégulier.

La deuxième carte bathymétrique comprend tout le sud de l'Océan Pacifique, que nous avons parcouru, et porte nos sondages. Pour le détroit de Drake et la région de dérive de la « Belgica », les isobathes que nous avons tracées ont été copiées sur la carte de M. Arctowski. Le tracé de notre isobathe de 5 000 mètres est tout à fait hypothétique au Nord; mais il est probable que toute cette partie de l'Océan Pacifique est très profonde, puisque par $L = 51°$ S et $G = 92°$ W on a mesuré 4 800 mètres, et que par $L = 58°$ S et $G = 100°$ W, « la Discovery » a trouvé des fonds de 4 900 mètres.

LISTE DES SONDAGES.

Nº d'ordre.	Position géographique.	Latitude.	Longitude à l'ouest de Greenwich.	Profondeur en mètres.	Nature du fond.
1	Au Nord de l'île Smith.................	62° 35'	63° 45'	2 800 *Pas de fond.*	
2	Entre l'île Smith et l'île Snow	62° 45'	62° 00'	690	
3	Détroit de Bransfield	62° 05'	57° 05'	620	
4	— — (près l'île Bridgman) .	62° 15'	56° 20'	600	
5	— —	62° 20'	58° 44'	560	
6	— —	62° 35'	57° 20'	1 400	
7	— —	62° 41'	59° 35'	1 440	
8	— —	62° 56'	60° 10'	1 030	
9	— —	63° 45'	61° 20'	1 320	
10	Ile Déception (au milieu de Port-Foster)...			170	Vase et cendre.
11	Baie de l'Amirauté (au milieu de la baie)..			420	Vase.
12	— (à l'entrée de la baie)........			510	Vase.
13	Détroit de Gerlache.....................	64° 33'	62° 40'	710	
14	Chenal de Roosen	64° 45'	63° 30'	130	Vase et cailloux.
15	Chenal Peltier	64° 50'	63° 30'	93	Vase et gravier.
16	Chenal de Lemaire (entre l'île Krogman et l'île Peterman)			82	Roche.
17	Chenal de Lemaire (entre l'île Krogman et la Terre de Graham)			340 *Pas de fond.*	
18	Chenal de Lemaire (entre l'île Peterman et la Terre de Graham)			286	Roche et sable.
19	Au large des îles Biscoë.................	65° 30'	66° 30'	400	
20	Près des îles Biscoë	66° 02'	66° 20'	585 *Pas de fond.*	
21	Baie Matha..........................	66° 50'	67° 35'	235	Vase.
22	— —	66° 52'	67° 20'	397	Vase.
23	— —	66° 53'	67° 12'	560	Roche.
24	— —	66° 54'	67° 08'	41	Roche.
25	— —	66° 54'	67° 02'	382	Vase et gravier.
26	— —	66° 55'	67° 10'	200	Vase.
27	Au large de l'île Adélaïde..............	66° 40'	67° 42'	268	Roche et vase.
28	— —	66° 35'	68° 15'	150	Roche.
29	— —	66° 42'	68° 40'	330	Roche.
30	— —	66° 55'	69° 02'	445	Vase.
31	— —	67° 10'	69° 20'	400	Vase.
32	— —	67° 20'	69° 29'	545	Vase.
33	Baie Marguerite.......................	67° 45'	68° 33'	254	Roche.
34	— —	67° 42'	68° 28'	218	Vase et gravier.
35	— —	67° 40'	68° 27'	63	Vase.
36	Entre l'île Adélaïde et la Terre Alexandre.	67° 46'	68° 24'	188	Roche.
37	— — — —	67° 50'	68° 32'	164	
38	— — — —	67° 50'	68° 08'	860	Roche.
39	— — — —	68° 01'	68° 00'	230	Roche et sable.
40	— — — —	67° 58'	69° 12'	268	Vase et gravier.
41	— — — —	68° 05'	69° 12'	180	Roche.
42	— — — —	68° 08'	69° 10'	109	Roche.
43	— — — —	68° 15'	69° 28'	480	Roche.
44	— — — —	68° 16'	70° 54'	325	Roche et vase.
45	— — — —	68° 18'	69° 25	640	Roche et vase.
46	— — — —	68° 20'	69° 40'	196	Roche.
47	— — — —	68° 20'	69° 42'	250	Roche.
48	— — — —	68° 20'	70° 29'	310	Roche.
49	— — — —	68° 22'	71° 01'	570	Roche.
50	— — — —	68° 30'	70° 08'	180	Roche.
51	— — — —	68° 31'	70° 09'	58	Sable et vase.
52	— — — —	68° 32'	70° 10'	77	Roche.
53	— — — —	68° 33'	70° 16'	325	Vase sableuse.
54	— — — —	68° 33'	70° 07	280	Roche et vase.
55	— — — —	68° 34'	70° 09'	299	
56	— — — —	68° 35'	70° 17'	166	Roche et vase.
57	Au large de la Terre de Graham	63° 25'	63° 55'	320	
58	— —	64° 55'	68° 30'	2 500	

LISTE DES SONDAGES (Suite).

Nos d'ordre.	Position géographique.	Latitude.	Longitude à l'ouest de Greenwich.	Profondeur en mètres.	Nature du fond.
59	Dans l'Océan Antarctique..............	68° 55′	74° 30′	455	Roche.
60	— —	69° 11′	76° 28′	535	Vase et cailloux.
61	— —	69° 13′	76° 13′	410	Roche.
62	— —	69° 40′	78° 10′	540	Roche.
63	— —	70° 10′	78° 30′	465	Roche et vase.
64	— —	69° 10′	86° 25′	3 030	
65	— — (au nord de l'île Pierre-Ier) ...	68° 55′	90° 40′	1 400 Pas de fond.	
66	— —	69° 20′	99° 49′	4 350	
67	— —	69° 15′	105° 45′	4 050	Vase.
68	— —	70° 05′	118° 50′	1 050	Roche.
69	— —	68° 20′	121° 10′	2 340 Pas de fond.	
70	— —	66° 15′	119° 26′	5 100	

CHAPITRE III

Température de l'eau de mer de surface.

Pendant le voyage du « Pourquoi Pas? » dans l'Antarctique, la température de l'eau de mer de surface a été mesurée plusieurs fois par jour.
Ces observations étaient faites, en même temps que les observations
météorologiques, par MM. Nozal et Boland et par moi-même. Pour
faire ces mesures, nous puisions un seau d'eau à l'avant du navire, en
prenant toutes les précautions d'usage, et la température était mesurée
aussitôt à l'aide d'un thermomètre à grande échelle, rigoureusement étalonné avant le départ de l'Expédition, et dont le zéro fut souvent vérifié
pendant notre séjour dans l'Antarctique.

Pendant l'hivernage du « Pourquoi Pas? » à l'île Petermann, la température de l'eau de mer de surface était mesurée une fois par jour, à midi,
par M. Nozal. L'eau de mer était alors puisée dans une petite anse à
proximité de Port-Circoncision.

Pour chaque observation, la position du navire est donnée en latitude
et en longitude à partir de Greenwich d'après les cartes de M. Bongrain.
Nous donnons aussi l'état de la mer et des glaces, suivant les remarques
consignées sur le journal de bord par les officiers de quart.

Première campagne d'été (1908-1909). — Dans les canaux de la Terre
de Feu au mois de décembre, l'eau est plus froide qu'au large. La température est voisine de 7°, tandis qu'au sud du cap Horn et à l'ouest du
cap Pilar elle dépasse 8°. Le 19 décembre 1908, à 6 heures du soir, par
$L = 56°34'S$ et $G = 67°39'W$, la température de l'eau de mer est
encore à 8°. Le 21 décembre à 2 heures du soir, par $L = 61°17'S$ et
$G = 66°22'W$, la température de l'eau de mer est à 1°, et elle ne varie
plus ensuite jusqu'aux terres du Sud. Comme tous les navigateurs qui
ont traversé le détroit de Drake, nous observons donc une baisse rapide
de la température de l'eau de mer entre le 57e et le 61e degré de latitude.

Il ne faut pas s'étonner que, lorsque nous naviguions au milieu des glaces, la température de l'eau de mer ait différé d'un degré entre des points très rapprochés, car le passage d'un iceberg ou le voisinage d'une plaque de glace en fusion causent des troubles accidentels dans la répartition des températures. Il faut tenir compte aussi que, pendant les journées claires des mois d'été, dans les endroits où les glaces ne sont pas très denses, la température de l'eau de mer a une variation diurne qui peut atteindre 1°. C'est pour ces raisons qu'une observation isolée n'a pas une grande signification et qu'il faut raisonner sur la moyenne de plusieurs observations.

Dans le détroit de Bransfield, au voisinage des Shetlands du Sud, et dans le nord du détroit de Gerlache, la température de l'eau de mer est voisine de 1° au mois de décembre. Au mois de janvier, le long de la Terre de Graham, à l'île Petermann, elle est légèrement inférieure à 0° (moyenne : — 0°,3 à l'île Petermann du 4 au 12 janvier). Au voisinage des îles Biscoë et de l'île Adélaïde, elle est de 0° en moyenne, tandis qu'au large de l'île Victor-Hugo elle atteint 1°. Pour la baie Marguerite, au mois de janvier, la moyenne de 16 observations nous donne — 0°,5 ; dans la baie Matha, le 1er février, la moyenne de 5 observations donne — 0°,6.

Entre l'île Adélaïde et la Terre Alexandre-Ier, la température diminue à mesure que l'on avance vers le Sud. Au voisinage de la baie Marguerite, jusqu'au 68e degré de latitude, elle reste dans les environs de 0°, mais au sud du 68e degré, où l'on rencontre en général le pack, elle descend rapidement à — 1°, et, au milieu du pack qui entoure la Terre Alexandre-Ier, on mesure en moyenne — 1°,2. La température minimum de l'eau de mer que nous avons observée pendant la première campagne d'été n'a pas été inférieure à — 1°,3.

Nous avons observé plusieurs fois, à l'entrée de la baie Marguerite, une sorte d'îlot d'eau relativement chaude (0°,5 à 0°,8), alors que l'eau dans la baie et au sud était inférieure à 0°. Cet îlot d'eaux chaudes est mis en évidence par la série d'observations fréquentes que nous avons prises le 23 janvier, alors que la mer était à cet endroit à peu près libre de glaces et que toutes les observations étaient prises ainsi dans les

mêmes conditions. Une autre fois, auprès de la banquise côtière de la
Terre Fallières, alors que la température de l'air était de 0°,2, nous avons
observé une température de l'eau de mer de 1°,8. On pourrait expliquer
ces ilots d'eau chaude en admettant que le courant profond d'eau à' une
température supérieure à 0°, dont nos observations thermométriques
profondes démontrent l'existence, remonte parfois jusqu'à la surface.
Mais ce n'est là qu'une hypothèse.

Deuxième campagne d'été (1909-1910). — A la fin du mois de novembre 1909, la température moyenne de l'eau de mer dans le détroit
de Gerlache est de — 0°,5 et dans le détroit de Bransfield de — 0°,1. Pendant notre séjour à l'île Déception au mois de décembre, la température
moyenne est de 0°. Nos observations présentent plusieurs lacunes, car
notre mouillage était parfois assez près de terre pour que l'influence des
sources chaudes qui bordent le rivage et qui sont à une température
de 68° se fît sentir d'une façon très notable. Ainsi, dans le port
des Baleiniers, à une centaine de mètres du rivage, la température de
l'eau de mer de surface atteignait parfois 6 à 7°. A partir de 150 mètres
environ du rivage, cette influence semble négligeable sur les eaux de
surface.

A la fin du mois de décembre, dans le détroit de Bransfield, la température moyenne de l'eau de mer est de 0°,8, analogue à celle que nous
avons observée l'année précédente à la même époque. Le 23 décembre,
à 2 heures du soir, la présence du pack dense qui défend l'île Joinville
et la Terre Louis-Philippe, et qui nous force à remonter au nord vers
l'île Bridgman, n'a aucune influence sur la température de l'eau de mer.
A la lisière du pack, nous observons des températures de 0°,8 et même
de 1°,4. Il faut que nous pénétrions franchement dans le pack pour que le
thermomètre descende au-dessous de zéro. Il est probable que ce pack
n'était pas à cet endroit depuis bien longtemps, et qu'il venait d'être
poussé là par des causes fortuites, vents ou courants. Aux environs de
l'île Bridgman et de l'île du Roi-George, la température de l'eau de mer
est voisine de 1°, comme autour de l'île Déception, qui est pourtant un
degré plus au Sud. Les Shetlands du Sud sont donc baignées par des
eaux sensiblement à la même température. Dans l'intérieur de la baie

de l'Amirauté, l'eau est légèrement plus froide et a une température moyenne de 0°,7.

Du 6 au 9 janvier 1910, au large de la Terre de Graham, nous naviguons en mer absolument libre, et la température de la mer est sensiblement uniforme aux environs de 0°,8. Le 9 janvier, à minuit, par L = 67°03′ S et G = 72°30′ W, cette température tombe brusquement à 0°,2. Aucune glace n'est encore en vue, mais le 10 janvier, à 2 heures du soir, par L = 68°50′ S, nous serons arrêtés par la banquise. La banquise ne pouvait pas avoir une influence aussi marquée sur la température de l'eau de mer à 100 milles de distance. Il est probable que cette baisse subite de température, le 9 janvier à minuit, indique la limite ordinaire du pack qui venait d'être repoussé vers le Sud par les vents du NE.

Du 10 au 22 janvier, pendant tout notre voyage le long de la banquise, la température de l'eau de mer est voisine de — 1°. Elle descend parfois jusqu'à — 1°,8 ; elle monte parfois jusqu'à 1°. Elle a des variations très intéressantes. Chaque fois que la banquise présente une indentation importante vers le Sud, la température de l'eau de mer devient voisine de 0° et même supérieure à 0°, comme si ces indentations étaient causées par un courant d'eau relativement chaude venant du Nord. Ainsi, le 12 janvier, à mesure que la banquise s'infléchit vers le Sud, la température de l'eau de mer passe de — 1°,2 à 0° et même 1°,1. Dès que la banquise remonte vers le nord, le 12 janvier, à 6 heures du soir, la température retombe à — 0°,8 et à — 1°,2. Il ne s'agit pas là d'une observation isolée, mais de 6 observations consécutives supérieures à 0°. Sur la figure 1 j'ai porté à la limite de la banquise les températures de l'eau de mer que nous avons observées le 9, le 10, le 11 et le 12 janvier. On y verra une illustration des remarques que nous avons faites précédemment sur la variation de la température de l'eau de mer à l'approche de la banquise, et aussi d'une façon très nette cet afflux d'eau chaude du 12 janvier.

Le 15 et le 16 janvier, alors que nous pouvons gagner un degré de latitude vers le Sud, la moyenne de nos observations pendant trente heures est de — 0°,1, supérieure de près d'un degré à la température moyenne

de l'eau de mer des autres jours. Là encore il doit y avoir un courant
d'eau relativement chaude venant du nord.

Le 19 janvier, cependant, tandis que nous atteignons notre latitude
extrême 70°22′, la température de l'eau de mer ne présente aucune
variation et reste inférieure à — 1°. Il en est de même le 21 janvier, où
nous franchissons encore le 70° degré. Il faut attribuer ces températures

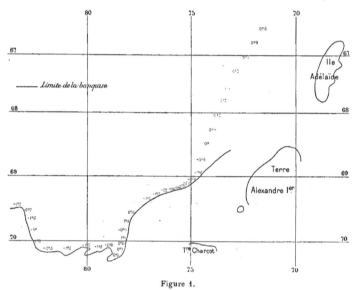

Figure 1.

basses à la présence d'un pack au large. Nous étions probablement alors
dans une petite mer libre au milieu de la banquise, dans laquelle nous
avions pénétré le 18 janvier et dont nous sommes ressortis le 23. Je
reproduis textuellement les remarques inscrites sur le journal de bord
par les officiers de quart.

Mardi 18 janvier 1910 (officier de quart : M. Rouch). — A 6 heures
du matin, aperçu dans l'Ouest derrière la banquise un watersky très net.
A 7 heures du matin, trouvé une faille praticable vers l'Ouest, alors que
le pack remonte à perte de vue dans le Nord (à 6 heures du matin :
L = 69°06′S, G = 105°23′W).

Dimanche 23 janvier 1910 (officier de quart : M. Godfroy). — 7 heures du matin. Traversé un pack de dérive en flocs épais s'étendant à perte de vue dans l'Est et dans l'Ouest. Les icebergs étaient très nombreux avant de travérser le pack. A 8 heures du matin, nous en avons seulement trois en vue. Observé aussi, après le passage dans ce pack, une différence très marquée dans la coloration de l'eau de mer (à 7 heures du matin : L = 66°50′ S, G = 119°50′ W).

Il faut remarquer que Bellingshausen venant du nord avait été justement arrêté au même endroit par un pack infranchissable.

Après notre passage dans cette ligne de pack, le 23 janvier, la température de l'eau de mer passe au-dessus de 0° .et remonte lentement avec la latitude.

Le 24 janvier, par L = 64°30′ S et G = 115°30′ W, nous observons des températures voisines de 1°, que nous avons rencontrées en 1908 dans le détroit de Drake par 61° S.

Le 26 janvier, au moment où nous apercevons le dernier iceberg, par L = 59° S et G = 104° 30′ W, la température de l'eau de mer est de 4°,7.

Au voisinage immédiat de la Terre de Feu, elle est supérieure de près d'un degré à celle que nous observions plus au large. Cette hausse de température le long des rivages de la Terre de Feu est due à la branche sud du courant de Humboldt.

Les remarques qui précèdent nous ont permis de dresser, d'après nos observations, une carte d'isothermes de l'eau de mer pendant les mois de décembre et janvier pour les régions que nous avons parcourues (Pl. II). Le tracé des isothermes entre nos deux itinéraires d'aller et retour est tout à fait hypothétique. On voit, sur cette carte, que les isothermes s'infléchissent au Nord autour de l'Amérique du Sud, et au Sud autour de la Terre de Graham. Elles présentent, au Sud, dans la mer de Bellingshausen, à l'Est et à l'Ouest de l'île Pierre-Ier, deux inflexions très nettes, dues probablement à un courant sud, qui, à la rencontre de l'île Pierre-Ier, se divise en deux branches, s'inclinant vers l'Est et vers l'Ouest.

Température de l'eau de mer pendant l'hivernage. — Les observations prises pendant l'hivernage du « Pourquoi Pas? » à l'île Petermann donnent la variation annuelle de la température de l'eau de mer. Pendant l'été, d'un jour à l'autre, la température peut varier suivant l etat des glaces. Le maximum observé a été 1º,1. Pendant les mois d'hiver, l'eau de mer est toujours sur le point de se congeler. Le minimum observé est — 1º,9. Nous avons tracé sur la figure 2 la courbe des températures moyennes de chaque mois, en joignant à la série de dix mois de l'hivernage les températures observées au même endroit pendant sept jours du mois de janvier et qui ont donné comme moyenne — 0º,3. C'est donc probablement au mois de février que l'eau de la mer est le plus chaude.

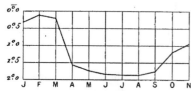

Figure 2. — Variation annuelle de la température de l'eau de mer à l'île Petermann.

TEMPÉRATURE DE L'EAU DE MER DE SURFACE. *(Première Campagne d'été.)*

Dates.	Heures.	Position.		Température.	État de la mer et des glaces.
16 décembre 1908.	10 s.	Détroit de Magellan devant Punta-Arenas.		8.2	Mer plate.
17 décembre.	2 m.	Détroit de Magellan devant le cap San Isidro.		7.4	—
	6 m.	Canal Cockburn.		7.3	—
	Midi.	L = 54° 29′	G = 72° 05′	7.5	Houle d'Ouest.
18 décembre.	2 m.	Au mouillage de Port-Edwards.		7.0	
	Midi.	L = 54° 54′	G = 70° 18′	7.0	
	10 s.	Au mouillage de la baie de Lapataïa.		7.2	
19 décembre.	6 m.	Baie Saint-François.		8.0	Mer très belle.
	6 s.	L = 56° 34′	G = 67° 39′	8.0	Grande houle de l'Ouest.
	10 s.	L = 57° 06′	G = 67° 27′	6.5	— —
20 décembre.	2 m.	L = 57° 38′	G = 67° 15′	5.7	Houle du NE.
	6 m.	L = 58° 10′	G = 67° 02′	5.0	—
	10 m.	L = 58° 40′	G = 66° 49′	4.0	—
	10 s.	L = 59° 50′	G = 66° 42′	2.8	—
21 décembre.	2 m.	L = 60° 12′	G = 66° 43′	2.5	—
	6 m.	L = 60° 36′	G = 66° 45′	2.6	—
	2 30s.	L = 61° 17′	G = 66° 22′	1.0	—
	6 s.	L = 61° 37′	G = 65° 32′	1.1	—
	10 s.	L = 61° 57′	G = 64° 42′	1.0	—
22 décembre.	2 m.	L = 62° 05′	G = 63° 52′	0.8	Petite houle du NE.
	6 m.	L = 62° 13′	G = 63° 02′	1.0	— En vue de l'île Smith.
	2 s.	L = 62° 45′	G = 62° 00′	1.0	Quelques icebergs en vue.
	6 s.	L = 63° 00′	G = 61° 20′	1.3	— —
23 décembre.	5 m.	I. Déception.		1.0	
25 décembre.	6 s.	L = 63° 06′	G = 60° 35′	1.8	Mer très belle.
	10 s.	L = 63° 25′	G = 61° 00′	0.	— Nombreux iceblocks. Quelques icebergs.
26 décembre.	2 m.	L = 63° 45′	G = 61° 20′	1.	— —
	6 m.	L = 64° 06′	G = 61° 40′	2.8	— —
	11 m.	Détroit de Gerlache : L = 64° 33′	G = 62° 40′	1.9	— —
	Midi.	L = 64° 0′	G = 62° 40′	2.0	— —
28 décembre.	1 s.	Port-Lockroy.		—1.0	
	3 s.			0.0	
29 décembre.	3 s.	Chenal Peltier.		2.0	
30 décembre.	2 m.	Chenal de Lemaire.		0.0	
1er janvier 1909.	4 m.	Port-Charcot.		.8	
4 janvier.	8 s.	I. Peterman.		—0.4	
5 janvier.	8 m.	—		8.3	
	8 s.	—		— 5	
6 janvier.	8 m.	—		.0	
	8 s.	—		8.2	
7 janvier.	8 m.	—		—0.8	
10 janvier.	8 m.	—		0.0	
	8 s.	—		0.1	
11 janvier.	8 m.	—		—0.8	
	8 s.	—		.2	
12 janvier.	8 m.	—		8.7	
	8 s.	Chenal de Lemaire.		—0.4	Pack lâche. Icebergs nombreux.
13 janvier.	2 m.	L = 64° 52′	G = 65° 30′	1.5	Houle de SW. 4 icebergs et 1 iceblock en vue.
	10 m.	L = 65° 48′	G = 65° 50′	1.1	—
	2 s.	L = 65° 55′	G = 66° 20′	0.3	—
	6 s.	L = 66° 02′	G = 66° 24′	0.0	— Icebergs près des îles Biscoë.
	10 s.	L = 66° 10′	G = 66° 30′	—0.3	Houle longue de l'WSW. Pack et icebergs.
14 janvier.	2 m.	L = 66° 20′	G = 66° 45′	0.0	Petite houle d'Ouest. Nombreux Icebergs.
	6 m.	L = 66° 35′	G = 67° 00′	0.0	— — — — et pack.
	Midi.	L = 66° 36′	G = 67° 54′	0.7	— — —
	6 s.	L = 67° 05′	G = 69° 10′	1.0	Nombreux icebergs.
	10 s.	L = 67° 0′	G = 69° 30′	0.0	Quelques icebergs.
15 janvier.	2 m.	L = 67° 52′	G = 68° 32′	—0.5	
	6 m.	B. Mar-guerite: { L = 67° 42′ L = 67° 45′	G = 68° 28′ G = 68° 33′	—0.7 0.3	Amarrés à la banquise côtière.
	3 s.	L = 67° 47′	G = 68° 32′	—0.2	Pack et icebergs.
	7 s.	L = 67° 50′	G = 68° 32′	—0.3	
	10 s.	L = 68° 00′	G = 69° 00′	—1.0	Pack assez dense composé de grands floes épais.
16 janvier.	2 m.				

TEMPÉRATURE DE L'EAU DE MER DE SURFACE *(Suite).*

Dates.	Heures.	Position.		Température.	État de la mer et des glaces.
16 janvier 1909.	6 m.	L = 68° 15′	G = 69° 28′	—1.2	Pack assez dense composé de grands floes épais.
	10 m.	L = 68° 20′	G = 69° 40′	—1.2	— — —
	6 s.	L = 68° 18′	G = 69° 25′	—1.2	— — —
	10 s.	L = 68° 00′	G = 69° 00′	—0.8	Pack moins dense.
17 janvier.	2 m.	L = 67° 50′	G = 68° 30′	0.7	Pack très lâche.
	6 m.	Baie Marguerite.		—0.9	Amarrés à la banquise côtière.
	Midi.	—		—0.2	— — —
	2 s.	—		—1.0	— — —
18 janvier.	Midi.	—		—0.8	— — —
19 janvier.	6 s.	—		—0.7	— — —
21 janvier.	Midi.	—		—1.0	— — —
	2 s.	L = 67° 46′	G = 68° 24′	—1.1	Mer calme. Quelques icebergs.
	6 s.	L = 68° 01′	G = 68° 00′	1.8	Le long de la banquise côtière de la Terre Fallières.
	10 s.	L = 67° 55′	G = 68° 12′	—0.7	Pack et icebergs.
22 janvier.	2 m.	L = 68° 10′	G = 69° 10′	0.5	Quelques iceblocks et débris.
	6 m.	L = 68° 20′	G = 69° 40′	0.1	Rubans étroits de glace de dérive.
	2 s.	L = 68° 35′	G = 70° 17′	—1.2	Banquise compacte formée de grands floes épais.
	6 s.	L = 68° 25′	G = 70° 22′	—1.2	Pack assez dense.
	8 s.	L = 68° 20′	G = 70° 29′	—1.2	Sur la lisière du pack.
	10 s.	L = 68° 16′	G = 70° 54′	—1.3	—
23 janvier.	2 m.	L = 68° 10′	G = 70° 20′	—1.2	Très nombreux icebergs en mer libre.
	6 m.	L = 68° 00′	G = 69° 45′	—1.0	—
	10 m.	L = 67° 58′	G = 69° 12′	0.0	Quelques rubans de glaces de dérive.
	Midi 30	L = 67° 50′	G = 68° 50′	0.5	Mer libre.
	Midi 45	L = 67° 49′	G = 68° 47′	0.0	—
	1 s.	L = 67° 48′	G = 68° 44′	0.4	—
	1 10 s.	L = 67° 47′	G = 68° 41′	0.6	—
	1 20 s.	L = 67° 46′	G = 68° 37′	0.0	—
	1 30 s.	L = 67° 45′	G = 68° 34′	0.0	—
	1 40 s.	L = 67° 44′	G = 68° 30′	0.2	—
	1 50 s.	L = 67° 42′	G = 68° 28′	0.8	—
	2 s.	Baie Marguerite.		0.0	Amarrés à la banquise côtière.
25 janvier.	Midi.	—		—0.1	— — —
26 janvier.	Midi.	—		—0.1	— — —
27 janvier.	Midi.	—		—1.3	— — —
28 janvier.	Midi.	—		—0.5	— — —
	6 s.	—		—0.2	— — —
	10 s.	—		—0.8	— — —
29 janvier.	Midi.	—		—0.6	—
31 janvier.	2 m.	L = 67° 47′	G = 69° 10′	0.0	Pack abondant mais lâche. Icebergs nombreux.
	7 m.	L = 67° 20′	G = 69° 29′	—0.5	Pack à l'Ouest. 240 icebergs en vue.
	9 m.	L = 67° 10′	G = 69° 20′	—0.1	Icebergs au milieu de mer libre.
	11 m.	L = 66° 55′	G = 69° 02′	—0.1	Icebergs rares.
	2 s.	L = 66° 42′	G = 68° 40′	0.1	—
	4 s.	L = 66° 35′	G = 68° 15′	—0.6	Très grands et nombreux icebergs autour de nous.
	7 s.	L = 66° 40′	G = 67° 42′	—0.3	Quelques icebergs.
	10 s.	L = 66° 55′	G = 67° 10′	—1.3	Pack lâche.
1er février.	Midi.	L = 66° 55′	G = 67° 10′	—1.3	Contre la banquise côtière.
	3 s.	Baie { L = 66° 52′	G = 67° 20′	—0.2	Mer libre.
	6 s.	Matha { L = 66° 49′	G = 67° 22′	—0.4	—
	8 s.	{ L = 66° 47′	G = 67° 25′	—0.8	Pack.
2 février.	2 m.	L = 66° 30′	G = 67° 20′	—1.1	Glace de dérive très lâche.
	6 m.	L = 66° 05	G = 67° 30′	—0.1	Mer libre. Quelques icebergs.
	Midi.	L = 65° 43′	G = 67° 05′	1.2	— Deux icebergs.
	6 s.	L = 65° 10′	G = 66° 00′	1.6	—
	10 s.	L = 65° 00′	G = 64° 20′	1.2	—

Deuxième Campagne d'été.

Dates.	Heures.	Position.		Température.	État de la mer et des glaces.
25 novembre 1909.	Minuit.	Chenal de Lemaire.		—1.4	Pack dense. Beaucoup d'icebergs.
26 novembre.	4 m.	Entre Wandel et Hovgard.		—0.9	Pack très dense.
	8 m.	L = 64° 50′	G = 63° 35′	—1.3	Pack dense. Quelques icebergs.
	10 m.	Chenal Peltier.		—1.1	—
	Midi.	Chenal de Roosen.		—0.8	Mer libre.
	4 s.	—		—0.2	Quelques iceblocks.

TEMPÉRATURE DE L'EAU DE MER DE SURFACE (Suite).

Dates.	Heures.	Position.		Température.	État de la mer et des glaces.
26 novembre 1909.	6 s.	L = 64° 41′	G = 63° 15′	—0.1	Quelques iceblocks.
	8 s.	L = 64° 35′	G = 62° 55′	—0.5	Quelques icebergs et quelques iceblocks.
	10 s.	L = 64° 28′	G = 62° 30′	—0.6	— —
	Minuit.	L = 64° 20′	G = 62° 00′	—0.6	— —
27 novembre.	2 m.	L = 64° 07′	G = 61° 50′	—0.4	Mer libre. Petite houle.
	4 m.	L = 63° 50′	G = 61° 25′	—0.3	— —
	8 m.	Lï = 63° 38′	G = 61° 15′	0.0	— —
	10 m.	L = 63° 25′	G = 60° 55′	—0.1	— —
	Midi.	L = 63° 15′	G. = 60° 45′	—0.1	— Houle.
	2 s.	L = 63° 05′	G = 60° 35′	0.1	—
28 novembre.	Midi.	Ile Déception.		0.4	
29 novembre.	Midi.	—		—0.2	
30 novembre.	Midi.	—		—0.3	
1er décembre.	Midi.	—		—0.4	
2 décembre.	Midi.	—		0.0	
9 décembre.	Midi.	—		—0.2	
10 décembre	Midi.	—		—0.7	
11 décembre.	Midi.	—		—0.4	
12 décembre.	Midi.	—		—0.1	
13 décembre.	Midi.	—		0.0	
14 décembre.	Midi.	—		0.4	
15 décembre.	Midi.	—		0.5	
16 décembre.	Midi.	—		—0.2	
17 décembre.	Midi.	—		—0.1	
18 décembre.	Midi.	—		1.0	
19 décembre.	Midi.	—		0.8	
20 décembre.	Midi.	—		0.1	
23 décembre.	10 m.	L = 63° 00′	G = 60° 10′	0.7	Mer libre.
	Midi.	L = 63° 00′	G = 59° 30′	0.8	—
	2 s.	L = 62° 58′	G = 58° 50′	0.7	—
	4 s.	L = 62° 55′	G = 58° 15′	0.8	Pack lâche qui s'étend jusqu'à la Terre Joinville.
	6 s.	L = 62° 40′	G = 57° 45′	1.4	— — —
	10 s.	L = 62° 25′	G = 57° 20′	0.5	— — —
	Minuit.	L = 62° 24′	G = 57° 00′	—0.9	— — —
24 décembre.	2 m.	L = 62° 18′	G = 56° 45′	0.0	Le long du pack.
	4 m.	L = 62° 17′	G = 56° 25′	0.4	—
	6 m.	L = 62° 15′	G = 56° 20′	0.2	Mer libre.
	8 m.	L = 62° 15′	G = 56° 20′	0.2	—
	10 m.	L = 62° 04′	G = 56° 30′	0.4	—
	Midi.	L = 62° 05′	G = 57° 05′	1.8	—
	2 s.	L = 62° 06′	G = 57° 30′	0.9	—
	4 s.	L = 62° 15′	G = 58° 00′	1.1	—
25 décembre.	Midi.	Baie de l'Amirauté.		0.2	
26 décembre.	Midi.	—		0.1	
27 décembre.	Midi.	—		1.5	
28 décembre.	Midi.	—		0.9	
29 décembre.	Midi.	—		0.9	
30 décembre.	6 s.	L = 62° 20′	G = 58° 44′	0.7	Mer libre.
	8 s.	L = 62° 30′	G = 59° 05′	0.7	—
	10 s.	L = 62° 35′	G = 59° 15′	1.0	—
	Minuit.	L = 62° 40′	G = 59° 30′	0.8	—
31 décembre.	2 m.	L = 62° 47′	G = 59° 50′	0.8	—
	4 m.	L = 62° 55′	G = 60° 10′	0.5	—
	6 m.	Ile Déception		0.7	
6 janvier 1910.	2 s.	L = 63° 05′	G = 60° 45′	1.0	Mer absolument libre.
	4 s.	L = 63° 12′	G = 61° 08′	1.0	—
	6 s.	L = 63° 17′	G = 61° 30′	0.9	— Petite houle du NW.
	8 s.	L = 63° 19′	G = 61° 43′	0.9	— —
	10 s.	L = 63° 22′	G = 61° 56′	1.0	— —
	Minuit.	L = 63° 24′	G = 62° 09′	0.8	— —
7 janvier.	2 m.	L = 63° 27′	G = 62° 22′	0.8	— —
	4 m.	L = 63° 29′	G = 62° 35′	0.5	— Houle et clapotis.
	6 m.	L = 63° 32′	G = 62° 48′	0.7	— —
	8 m.	L = 63° 35′	G = 63° 01′	0.8	— —
	10 m.	L = 63° 37′	G = 63° 15′	0.5	— —
	Midi.	L = 63° 40′	G = 63° 30′	0.8	— —

TEMPÉRATURE DE L'EAU DE MER DE SURFACE (Suite).

Dates.	Heures.	Position.		Température.	État de la mer et des glaces.
7 janvier 1910.	2 s.	L = 63° 37′	G = 63° 35′	0. .	Mer absolument libre. Houle et clapot's.
	4 s.	L = 63° 34′	G = 63° 40′	0.8	— —
	6 s.	L = 63° 31′	G = 63° 45′	0.7	— Houle de SW.
	8 s.	L = 63° 28′	G = 63° 50′	0.7	— —
	10 s.	L = 63° 25′	G = 63° 55′	0.7	— —
	Minuit.	L = 63° 32′	G = 64° 18′	0.6	— —
8 janvier.	2 m.	L = 63° 39′	G = 64° 41′	0.7	— Petite houle.
	4 m.	L = 63° 46′	G = 65° 04′	0.6	— —
	6 m.	L = 63° 53′	G = 65° 27′	0.5	— —
	8 m.	L = 64° 00′	G = 65° 50′	0.4	— —
	10 m.	L = 64° 07′	G = 66° 15′	0.7	— —
	Midi.	L = 64° 15′	G = 66° 40′	1.0	— —
	2 s.	L = 64° 21′	G = ‹ 6° 58′	1.0	— —
	4 s.	L = 64° 28′	G = 67° 16′	0.8	— —
	6 s.	L = 64° 34′	G = 67° 34′	0.7	— —
	8 s.	L = 64° 40′	G = 67° 52′	1.0	— —
	10 s.	L = 64° 47′	G = 68° 10′	0.7	— —
	Minuit.	L = 64° 55′	G = 68° 30′	1.0	— Iceblink à l'Est.
9 janvier.	2 m.	L = 65° 02′	G = 68° 45′	0. .	— Houle.
	4 m.	L = 6 ° 09′	G = 69° 00′	0.8	— —
	6 m.	L = 65° 17′	G = 69° 15′	1.0	— —
	8 m.	L = 65° 25′	G = 69° 30′	0.8	— —
	10 m.	L = 65° 33′	G = 69° 45′	0.8	— —
	Midi.	L = 65° 40′	G = 70° 00′	0.8	— —
	2 s.	L = 65° 54′	G = 70° 25′	0.7	— —
	4 s.	L = 6 ° 08′	G = 70° 50′	1.0	— —
	6 s.	L = 66° 22′	G = 71° 15′	0. .	— —
	8 s.	L = 66° 36′	G = 71° 40′	0.3	— —
	10 s.	L = 66° 50′	G = 72° 05′	0.9	— —
	Minuit.	L = 67° 03′	G = 72° 30′	0.2	— —
10 janvier.	2 m.	L = 67° 17′	G = 72° 55′	0.3	— —
	4 m.	L = 67° 31′	G = 73° 13′	0.3	— —
	6 m.	L = 67° 45′	G = 73° 31′	0.2	— —
	8 m.	L = 67° 59′	G = 73° 49′	0.2	— —
	10 m.	L = 68° 14′	G = 74° 07′	0.4	— —
	Midi.	L = 68° 28′	G = 74° 26′	0.1	— —
	2 s.	L = 68° 42′	G = 74° 28′	—0.6	— —
	4 s.	L = 68° 55′	G = 74° 30′	—1.6	A 3 heures, iceberg à l'Est, puis iceblocks, puis lisière de la banquise.
	6 s.	L = 68° 55′	G = 74° 32′	—0.8	A la lisière du pack. Icebergs.
	8 s.	L = 69° 00′	G = 75° 01′	—0.9	— —
	10 s.	L = 69° 05′	G = 75° 30′	—1.5	— — Petite houle.
	Minuit.	L = 69° 07′	G = 75° 59′	—1.6	— — — —
11 janvier.	4 m.	L = 69° 11′	G = 76° 28′	—1.6	— — — —
	6 m.	L = 69° 11′	G = 76° 28′	—1.6	— — — —
	8 m.	L = 69° 11′	G = 76° 28′	—1.5	— — — —
	10 m.	L = 69° 11′	G = 76° 28′	—1.2	— — — —
	8 s.	L = 69° 13′	G = 76° 13′	—1. .	— — — —
	10 s.	L = 69° 16′	G = 76° 37′	—1. .	— — — —
	Minuit.	L = 69° 21′	G = 77° 01′	—1. .	— — — —
12 janvier.	2 m.	L = 69° 27′	G = 77° 25′	0. .	— — — —
	4 m.	L = 69° 33′	G = 77° 49′	1.8	— — — —
	6 m.	L = 69° 49′	G = 78° 10′	—0.7	— — — —
	8 m.	L = 69° 49′	G = 78° 12′	1.1	— — — Mer plate.
	10 m.	L = 69° 59′	G = 78° 20′	0.0	— — — —
	Midi.	L = 70° 09′	G = 78° 32′	0.7	— — — —
	4 s.	L = 70° 05′	G = 78° 47′	0.9	— — — —
	6 s.	L = 70° 02′	G = 79° 00′	—0.8	— — Le pack remonte au Nord.
	8 s.	L = 70° 04′	G = 79° 40′	—1.2	Amas d'icebergs très grands à la lisière de la banquise.
	10 s.	L = 70° 05′	G = 80° 28′	—1.2	A la lisière du pack. Icebergs. Mer très belle.
	Minuit.	L = 70° 07′	G = 81° 02′	—1.2	— — — —
13 janvier.	2 m.	L = 70° 06′	G = 81° 50′	—0.2	— — — —
	4 m.	L = 70° 04′	G = 82° 40′	—1.3	— — 25 Icebergs.
	6 m.	L = 69° 55′	G = 82° 49′	—1.1	— — Glaces de dérive.
	8 m.	L = 69° 45′	G = 82° 57′	—1.6	— — Icebergs. Petite houle du NE.

TEMPÉRATURE DE L'EAU DE MER DE SURFACE *(Suite)*

Dates.	Heures.	Position.		Température.	État de la mer et des glaces.
13 janvier 1910.	10 m.	L = 69° 37′	G = 83° 12′	—0.2	A la lisière du pack. Icebergs. Petite houle du NE.
	Midi.	L = 69° 29′	G = 83° 27′	—1.2	— — — —
	2 s.	L = 69° 29′	G = 84° 15′	0.9	— — — —
	4 s.	L = 69° 29′	G = 85° 00′	—0.3	— — — —
	6 s.	L = 69° 20′	G = 85° 40′	0.7	— — — —
	8 s.	L = 69° 12′	G = 86° 20′	—1.8	— — — —
	10 s.	L = 69° 10′	G = 86° 25′	—1.5	— — Grands icebergs tabulaires.
	Minuit.	L = 69° 02′	G = 86° 30′	—1.7	— —
14 janvier.	2 m.	L = 68° 53′	G = 86° 45′	—1.3	Quantité considérable d'icebergs. Houle du NNE.
	4 m.	L = 68° 45′	G = 87° 00′	—1.0	— — —
	6 m.	L = 68° 43′	G = 87° 27′	—1.1	— — et de débris d'icebergs.
	8 m.	L = 68° 40′	G = 87° 54′	—0.9	Quantité considérable d'icebergs et de débris d'icebergs.
	10 m.	L = 68° 37′	G = 88° 21′	0.0	Nombreux icebergs en dehors du pack.
	Midi.	L = 68° 35′	G = 88° 46′	—0.2	— — —
	2 s.	L = 68° 42′	G = 89° 24′	0.1	— — —
	4 s.	L = 68° 49′	G = 90° 02′	—1.1	— — —
	6 s.	L = 68° 55′	G = 90° 40′	—1.5	Dédale d'icebergs. Clapotis.
	10 s.	L = 68° 50′	G = 90° 42′	—0.8	— —
	Minuit.	L = 68° 40′	G = 90° 45′	—0.1	— —
15 janvier.	2 m.	L = 68° 25′	G = 91° 20′	—1.1	Accumulation d'icebergs en nombre considérable (plus de mille).
	4 m.	L = 68° 06′	G = 92° 00′	—0.2	Le nombre des icebergs diminue. Mer grosse.
	6 m.	L = 68° 06′	G = 92° 35′	0.3	Icebergs et gros iceblocks.
	8 m.	L = 68° 06′	G = 93° 10′	0.2	— —
	10 m.	L = 68° 14′	G = 93° 50′	0.1	Quelques icebergs. Grosse houle.
	Midi.	L = 68° 23′	G = 94° 31′	—0.4	— —
	2 s.	L = 68° 29′	G = 95° 00′	—0.8	— —
	4 s.	L = 68° 35′	G = 95° 25′	—0.5	Amas d'icebergs très grands.
	6 s.	L = 68° 36′	G = 96° 00′	—0.1	— —
	8 s.	L = 68° 37′	G = 96° 35′	0.0	A la lisière de la banquise. Icebergs.
	10 s.	L = 68° 44′	G = 96° 52′	—0.2	— 20 icebergs. Mer belle.
	Minuit.	L = 68° 51′	G = 97° 09′	—0.3	— — —
16 janvier.	2 m.	L = 68° 58′	G = 97° 26′	0.0	Pas de banquise en vue. Quelques icebergs.
	4 m.	L = 69° 05′	G = 97° 42′	—0.2	— —
	6 m.	L = 69° 12′	G = 97° 59′	—0.1	76 icebergs en vue. Quelques bandes de glaces de dérive.
	8 m.	L = 69° 19′	G = 97° 15′	—0.3	76 Icebergs en vue. Quelques bandes de glaces de dérive.
	10 m.	L = 69° 25′	G = 98° 30′	—1.0	Très nombreux icebergs en vue. Quelques bandes de pack.
	Midi.	L = 69° 19′	G = 99° 48′	—0.9	Très nombreux icebergs en vue. Quelques bandes de pack.
	4 s.	L = 69° 18′	G = 100° 10′	—1.0	Icebergs. Mer très belle.
	6 s.	L = 69° 15′	G = 100° 14′	—1.0	—
	8 s.	L = 69° 12′	G = 100° 18′	—1.0	—
	10 s.	L = 69° 09′	G = 100° 22′	—1.0	—
	Minuit.	L = 69° 06′	G = 100° 25′	—1.0	—
17 janvier.	4 m.	L = 69° 00′	G = 101° 10′	—1.2	—
	6 m.	L = 69° 02′	G = 101° 28′	—1.1	A la lisière de la banquise. Icebergs.
	8 m.	L = 69° 04′	G = 101° 46′	0.0	—
	10 m.	L = 69° 05′	G = 102° 04′	—0.3	—
	Midi.	L = 69° 06′	G = 102° 23′	—0.2	— Léger clapotis.
	2 s.	L = 69° 12′	G = 102° 46′	—0.7	—
	4 s.	L = 69° 18′	G = 103° 09′	—1.1	—
	6 s.	L = 69° 24′	G = 103° 32′	—1.2	—
	8 s.	L = 69° 29′	G = 103° 55′	—1.1	— Icebergs. Mer très belle.
	10 s.	L = 69° 35′	G = 104° 18′	—1.2	—
18 janvier.	2 m.	L = 69° 28′	G = 105° 00′	—1.0	—
	4 m.	L = 69° 18′	G = 105° 25′	—1.1	—
	6 m.	L = 69° 06′	G = 105° 23′	—1.0	—
	8 m.	L = 69° 06′	G = 105° 40′	—1.0	—
	10 m.	L = 69° 10′	G = 105° 43′	—1.1	—
	Midi.	L = 69° 15′	G = 105° 47′	—1.0	— Petite houle du NE.
	2 s.	L = 69° 25′	G = 106° 17′	—1.0	—

TEMPÉRATURE DE L'EAU DE MER DE SURFACE (Suite).

Dates.	Heures.	Position.		Température.	État de la mer et des glaces.
18 janvier 1910.	4 s.	L = 69° 25′	G = 106° 17′	—0.9	A la lisière de la banquise.
	6 s.	L = 69° 35′	G = 106° 40′	—0.3	Aucune glace en vue.
	8 s.	L = 69° 47′	G = 107° 00′	—1.4	A la lisière de la banquise. Quelques icebergs.
	10 s.	L = 69° 59′	G = 107° 19′	—1.0	— —
	Minuit.	L = 70° 10′	G = 107° 38′	—1.0	
19 janvier.	2 m.	L = 70° 16′	G = 108° 00′	—1.6	— — Houle du NE.
	4 m.	L = 70° 22′	G = 108° 40′	—1.5	— —
	6 m.	L = 70° 18′	G = 109° 10′	—1.3	— —
	8 m.	L = 69° 55′	G = 109° 45′	—1.3	— —
	10 m.	L = 69° 50′	G = 109° 37′	—1.3	— —
	Midi.	L = 69° 43′	G = 109° 28′	—1.3	— — Mer grosse.
	2 s.	L = 69° 37′	G = 109° 28′	—1.2	— —
	4 s.	L = 69° 30′	G = 109° 28′	—1.0	— —
	6 s.	L = 69° 22′	G = 109° 23′	—1.0	— —
	8 s.	L = 69° 14′	G = 109° 18′	—1.0	— —
	10 s.	L = 69° 07′	G = 109° 14′	—0.8	Aucun pack en vue. 5 icebergs. Mer grosse.
	Minuit.	L = 69° 00′	G = 109° 10′	—0.2	—
20 janvier.	2 m.	L = 68° 52′	G = 109° 30′	—0.3	— Quelques icebergs. Houle de l'E.
	4 m.	L = 68° 35′	G = 109° 50′	—0.6	—
	6 m.	L = 68° 34′	G = 110° 35′	—1.0	—
	8 m.	L = 68° 33′	G = 111° 20′	—0.8	—
	10 m.	L = 68° 32′	G = 112° 02′	—0.6	Nombreux icebergs, mer belle.
	Midi.	L = 68° 32′	G = 112° 45′	—1.6	— —
	2 s.	L = 68° 34′	G = 113° 30′	—1.7	— —
	4 s.	L = 68° 36′	G = 114° 15′	—1.6	— —
	6 s.	L = 68° 37′	G = 115° 00′	—0.6	— —
	8 s.	L = 68° 38′	G = 115° 40′	—0.8	— —
	10 s.	L = 68° 46′	G = 116° 05′	—0.9	— —
	Minuit.	L = 68° 55′	G = 116° 30′	—1.0	— —
21 janvier.	2 m.	L = 69° 04′	G = 117° 00′	—1.3	60 icebergs en vue. Mer très belle.
	4 m.	L = 69° 13′	G = 117° 28′	—1.3	— — —
	6 m.	L = 69° 21′	G = 117° 55′	—1.1	— — —
	8 m.	L = 69° 30′	G = 118° 20′	—1.1	— —
	10 m.	L = 69° 41′	G = 118° 37′	—1.2	La banquise est en vue.
	Midi.	L = 69° 53′	G = 118° 54′	—1.3	— —
	2 s.	L = 70° 05′	G = 118° 50′	—1.2	A la lisière de la banquise.
	4 s.	L = 70° 05′	G = 118° 50′	—1.2	—
	6 s.	L = 70° 00′	G = 118° 44′	—1.2	Quelques plaques de glace de dérive. Quelques icebergs.
	8 s.	L = 69° 45′	G = 118° 36′	—1.2	Quelques plaques de glace de dérive.
	10 s.	L = 69° 30′	G = 118° 28′	—1.1	— —
	Minuit.	L = 69° 20′	G = 118° 20′	—1.0	— —
22 janvier.	2 m.	L = 69° 12′	G = 118° 55′	—0.9	Léger clapotis. Nombreux icebergs.
	4 m.	L = 69° 05′	G = 119° 30′	—0.9	— — Bandes de pack.
	6 m.	L = 68° 50′	G = 119° 35′	—1.1	— —
	8 m.	L = 68° 35′	G = 119° 40′	—0.9	— —
	10 m.	L = 68° 32′	G = 120° 00′	—0.7	Quelques icebergs en vue. Mer plate.
	Midi.	L = 68° 24′	G = 120° 18′	—0.6	— —
	2 s.	L = 68° 20′	G = 121° 00′	—0.7	Quelques icebergs en vue. Plaques de glace de dérive assez épaisse.
	4 s.	L = 68° 18′	G = 121° 00′	—0.5	Quelques icebergs en vue.
	6 s.	L = 68° 06′	G = 121° 00′	—0.5	— —
	8 s.	L = 67° 54′	G = 120° 50′	—0.5	Beaucoup d'icebergs en vue. Aucun pack.
	10 s.	L = 67° 39′	G = 120° 40′	—0.5	— —
	Minuit.	L = 67° 28′	G = 120° 30′	—0.5	— —
23 janvier.	2 m.	L = 67° 17′	G = 120° 20′	—0.5	Icebergs assez nombreux. Mer belle.
	4 m.	L = 67° 06′	G = 120° 10′	—0.7	— — —
	6 m.	L = 66° 55′	G = 120° 00′	—0.5	Bande de pack assez dense s'étendant de l'W à l'E.
	8 m.	L = 66° 44′	G = 119° 50′	—0.3	5 à 6 icebergs en vue.
	10 m.	L = 66° 33′	G = 119° 38′	—0.1	— —
	Midi.	L = 66° 22′	G = 119° 27′	0.8	— —
	2 s.	L = 66° 15′	G = 119° 26′	0.6	— —
	4 s.	L = 66° 15′	G = 119° 26′	0.6	— —
	6 s.	L = 66° 02′	G = 119° 04′	0.4	— —
	8 s.	L = 65° 50′	G = 118° 34′	0.4	— —
	10 s.	L = 65° 37′	G = 118° 04′	0.8	— —

TEMPÉRATURE DE L'EAU DE MER DE SURFACE *(Suite).*

Dates.	Heures.	Position.		Température.	État de la mer et des glaces.
23 janvier 1910.	Minuit.	L = 65° 24′	G = 117° 34′	0.8	5 à 6 icebergs en vue.
24 janvier.	2 m.	L = 65° 11′	G = 117° 04′	0.8	— — Houle d'Ouest.
	4 m.	L = 64° 58′	G = 116° 34′	0.7	— —
	6 m.	L = 64° 45′	G = 116° 04′	0.9	— —
	8 m.	L = 64° 32′	G = 115° 34′	0.9	— —
	10 m.	L = 64° 19′	G = 115° 04′	1.9	— — Houle d'Ouest et de NE.
	Midi.	L = 64° 07′	G = 114° 34′	2.2	— —
	2 s.	L = 63° 54′	G = 114° 04′	2.2	— —
	4 s.	L = 63° 40′	G = 113° 34′	2.3	— —
	6 s.	L = 63° 26′	G = 113° 04′	2	— — Houle de NW.
	8 s.	L = 63° 12′	G = 112° 34′	2.1	— —
	10 s.	L = 62° 58′	G = 112° 05′	2.2	— —
	Minuit.	L = 62° 44′	G = 111° 35′	2.3	— —
25 janvier.	2 m.	L = 62° 30′	G = 111° 06′	2.5	2 à 3 icebergs en vue. Petite houle du NW.
	4 m.	L = 62° 17′	G = 110° 36′	2.0	— —
	6 m.	L = 62° 03′	G = 110° 07′	2.3	— —
	8 m.	L = 61° 50′	G = 109° 37′	2.3	— —
	10 m.	L = 61° 36′	G = 109° 08′	2.2	— —
	Midi.	L = 61° 23′	G = 108° 39′	2.6	—
	2 s.	L = 61° 12′	G = 108° 19′	3.3	—
	4 s.	L = 61° 01′	G = 108° 00′	3.3	2 icebergs en vue.
	6 s.	L = 60° 50′	G = 107° 41′	3.3	—
	8 s.	L = 60° 39′	G = 107° 22′	3.3	—
	10 s.	L = 60° 28′	G = 107° 03′	3.1	Aucun iceberg en vue.
	Minuit.	L = 60° 17′	G = 106° 44′	3.0	1 iceberg en vue.
26 janvier.	2 m.	L = 60° 07′	G = 106° 25′	3.2	Aucune glace en vue. Houle d'Ouest.
	4 m.	L = 59° 56′	G = 10 ° 06′	3.3	—
	6 m.	L = 59° 45′	G = 105° 47′	3.2	—
	8 m.	L = 59° 35′	G = 105° 28′	3.2	—
	10 m.	L = 59° 25′	G = 105° 09′	3.5	—
	Midi.	L = 59° 15′	G = 104° 50′	4.7	—
	2 s.	L = 59° 04′	G = 104° 28′	4.7	1 iceberg et un gros débris d'iceberg.
	4 s.	L = 58° 52′	G = 104° 05′	4.9	Aucune glace en vue. Houle d'Ouest.
	6 s.	L = 58° 40′	G = 103° 43′	5.0	—
	8 s.	L = 58° 28′	G = 103° 20′	4.7	—
	10 m.	L = 58° 16′	G = 102° 57′	4.7	Mer grosse. Lames déferlantes.
	Minuit.	L = 58° 04′	G = 102° 34′	4.2	—
27 janvier.	2 m.	L = 57° 52′	G = 102° 11′	4.9	Mer assez grosse.
	4 m.	L = 57° 40′	G = 101° 48′	5.0	—
	6 m.	L = 57° 28′	G = 101° 25′	4.9	—
	8 m.	L = 57° 16′	G = 101° 02′	5.0	—
	10 m.	L = 57° 04′	G = 100° 39′	5.3	—
	Midi.	L = 56° 52′	G = 100° 16′	5.4	—
	2 s.	L = 56° 47′	G = 99° 52′	5.1	—
	4 s.	L = 56° 42′	G = 99° 27′	5.1	Mer grosse.
	6 s.	L = 56° 37′	G = 99° 03′	5.4	—
	8 s.	L = 56° 32′	G = 98° 38′	5.1	Mer très grosse.
	10 s.	L = 56° 27′	G = 98° 13′	5.6	—
	Minuit.	L = 56° 22′	G = 97° 49′	5.1	—
28 janvier.	2 m.	L = 56° 17′	G = 97° 25′	5.0	Grande houle de l'Ouest et de l'WSW.
	4 m.	L = 56° 12′	G = 97° 00′	5.0	—
	6 m.	L = 56° 08′	G = 96° 36′	5.0	—
	8 m.	L = 56° 03′	G = 96° 11′	5.1	— — —
	10 m.	L = 55° 58′	G = 95° 47′	5.5	— — —
	Midi.	L = 55° 54′	G = 95° 22′	5.6	— — —
	2 s.	L = 55° 50′	G = 95° 00′	5.8	— — —
	4 s.	L = 55° 45′	G = 94° 39′	5.6	— — —
	6 s.	L = 55° 40′	G = 94° 17′	5.0	— — —
	8 s.	L = 55° 36′	G = 93° 55′	5.9	— — —
	10 s.	L = 55° 31′	G = 93° 34′	5.8	— — —
	Minuit.	L = 55° 27′	G = 93° 12′	5.6	— — —
29 janvier.	2 m.	L = 55° 22′	G = 92° 50′	6.0	Houle d'Ouest.
	4 m.	L = 55° 18′	G = 92° 28′	6.0	—
	6 m.	L = 55° 13′	G = 92° 06′	5.9	—
	8 m.	L = 55° 09′	G = 91° 44′	5.9	—
	10 m.	L = 55° 04′	G = 91° 22′	6.4	— et du SW.

TEMPÉRATURE DE L'EAU DE MER DE SURFACE (Suite).

Dates.	Heures.	Position.		Température.	État de la mer et des glaces.
29 janvier 1910.	Midi.	L = 55° 00′	G = 91° 00′	6.6	Houle d'Ouest et du SW.
	2 s.	L = 54° 54′	G = 90° 35′	6.6	Houle du SW.
	4 s.	L = 54° 48′	G = 90° 08′	6.7	—
	8 s.	L = 54° 38′	G = 89° 15′	6.6	—
	10 s.	L = 54° 32′	G = 88° 50′	6.7	—
	Minuit.	L = 54° 26′	G = 88° 25′	6.7	—
30 janvier.	2 m.	L = 54° 21′	G = 88° 00′	6.9	Houle d'Ouest.
	4 m.	L = 54° 15′	G = 87° 35′	6.8	—
	6 m.	L = 54° 09′	G = 87° 10′	6.7	—
	8 m.	L = 54° 04′	G = 86° 44′	6.7	—
	10 m.	L = 53° 58′	G = 86° 18′	6.7	—
	Midi.	L = 53° 52′	G = 85° 53′	6.8	—
	2 s.	L = 53° 45′	G = 85° 25′	6.9	Houle de l'WNW.
	4 s.	L = 53° 38′	G = 84° 55′	6.8	—
	6 s.	L = 53° 30′	G = 84° 27′	6.9	Assez forte houle de l'WNW.
	8 s.	L = 53° 23′	G = 83° 59′	7.0	—
	10 s.	L = 53° 15′	G = 83° 31′	7.0	—
31 janvier.	2 m.	L = 53° 00′	G = 82° 34′	7.2	Mer grosse.
	4 m.	L = 52° 53′	G = 82° 06′	7.1	—
	6 m.	L = 52° 46′	G = 81° 37′	7.1	Mer très grosse.
	8 m.	L = 52° 39′	G = 81° 08′	7.3	—
	10 m.	L = 52° 32′	G = 80° 39′	7.5	—
	Midi.	L = 52° 25′	G = 80° 10′	7.4	—
	2 s.	L = 52° 22′	G = 79° 46′	7.5	Houle du NW.
	4 s.	L = 52° 20′	G = 79° 24′	7.6	—
	6 s.	L = 52° 18′	G = 79° 02′	7.2	—
	8 s.	L = 52° 16′	G = 78° 40′	7.4	—
	10 s.	L = 52° 14′	G = 78° 18′	7.9	—
	Minuit.	L = 52° 11′	G = 77° 56′	7.8	—
1er février.	4 m.	L = 52° 25′	G = 77° 30′	8.3	—
	6 m.	L = 52° 31′	G = 76° 34′	7.9	—
	8 m.	L = 52° 37′	G = 76° 06′	7.8	Mer très grosse.
	Midi.	L = 52° 50′	G = 75° 10′	9.2	—
	2 s.	L = 52° 48′	G = 75° 10′	8.7	Mer grosse.
	4 s.	L = 52° 44′	G = 75° 10′	9.2	Houle d'W.
	6 s.	L = 52° 40′	G = 75° 10′	8.8	—

TEMPÉRATURE DE L'EAU DE MER DE SURFACE PENDANT L'HIVERNAGE A L'ILE PÉTERMANN
(L = 65° 10′ S.   G = 64° 11′W.)

Dates.	Février.	Mars.	Avril.	Mai.	Juin.	Juillet.	Août.	Septembre.	Octobre.	Novembre.
1		0.7	—0.8	—1.7	—1.8	—1.9	—1.7	—1.7	—1.2	—1.4
2		0.2	—0.6	—1.6	—1.8	—1.9	—1.8	—1.7	—1.1	—1.0
3	—1.5	0.4	—0.8	—1.6	—1.8	—1.9	—1.8	—1.4	—0.9	—0.7
4	0.0	0.1	—1.0	—1.6	—1.7	—1.9	—1.7	—1.7	—1.2	—1.3
5		0.9	—1.1	—1.6	—1.8	—1.9	—1.7	—1.8	—1.6	—1.0
6	—0.2	0.8	—1.7	—1.7	—1.9	—1.9	—1.7	—1.9	—1.7	—1.1
7	—0.1	—0.9	—1.6	—1.7	—1.8	—1.9	—1.7	—1.9	—1.7	—1.2
8	0.6	—0.3	—1.4	—1.7	—1.8	—1.9	—1.8	—1.9	—1.3	—1.5
9	1.1	—0.1	—1.4	—1.7	—1.8	—1.9	—1.8	—1.9	—1.2	—1.2
10	—0.3	—0.3	—1.3	—1.7	—1.8	—1.8	—1.8	—1.9	—1.0	—1.0
11	—0.4	—0.3	—1.3	—1.6	—1.8	—1.7	—1.9	—1.9	—1.7	—1.3
12	—0.6	—0.7	—1.4	—1.6	—1.8	—1.8	—1.9	—1.8	—1.7	—1.0
13	—0.1	—0.5	—1.6	—1.8	—1.8	—1.8	—1.9	—1.8	—1.7	—1.2
14	0.0	—0.6	—1.7	—1.8	—1.9	—1.9	—1.9	—1.8	—1.4	—1.0
15	0.2	—0.7	—1.8	—1.9	—1.8	—1.9	—1.9	—1.8	—0.9	—0.3
16	—0.2	—0.6	—1.8	—1.8	—1.7	—1.9	—1.8	—1.8	—0.8	—0.8
17	—0.2	—0.3	—1.8	—1.8	—1.7	—1.9	—1.9	—1.8	—1.0	—0.7
18	—0.4	—0.1	—1.8	—1.9	—1.8	—1.8	—1.9	—1.8	—1.2	—0.7
19	—0.1	—0.1	—1.9	—1.8	—1.8	—1.8	—1.9	—1.7	—1.5	—1.0
20	0.2	—0.2	—1.8	—1.7	—1.8	—1.8	—1.9	—1.7	—1.7	—1.2
21	0.0	—0.2	—1.9	—1.8	—1.8	—1.7	—1.9	—1.7	—1.6	—0.7
22	0.1	—0.5	—1.9	—1.8	—1.8	—1.8	—1.9	—1.8	—1.0	—0.8
23	0.0	—0.1	—1.9	—1.8	—1.8	—1.8	—1.9	—1.8	—1.2	—1.0
24	0.5	—0.6	—1.9	—1.9	—1.8	—1.8	—1.9	—1.7	—0.5	—0.9
25	0.0	—0.5	—1.9	—1.8	—1.8	—1.7	—1.8	—1.6	—1.3	—0.9
26	0.0	—0.5	—1.9	—1.8	—1.8	—1.8	—1.9	—1.6	—1.0	
27	0.2	—0.2	—1.8	—1.8	—1.8	—1.8	—1.9	—1.5	—1.0	
28		—0.4	—1.7	—1.8	—1.9	—1.8	—1.9	—1.7	—0.8	
29		—0.9	—1.7	—1.8	—1.9	—1.8	—1.9	—1.8	—0.7	
30		—0.5	—1.7	—1.8	—1.9	—1.8	—1.9	—1.8	—1.3	
31		—0.4		—1.8		—1.8	—1.8		—1.0	
Moyenne	—0.09	—0.23	—1.56	—1.75	—1.81	—1.83	—1.84	—1.76	—1.22	—0.99

CHAPITRE IV

Température de l'eau de mer à diverses profondeurs.

Toutes les températures d'eaux profondes ont été prises aux stations de sondages à l'aide de thermomètres Richter ou de thermomètres Chabaud, dont l'étalonnage avait été fait par les soins du Laboratoire océanographique de Monaco, et dont nous avons souvent vérifié le zéro. Nous possédions plusieurs de ces thermomètres, et presque tous ont toujours parfaitement fonctionné. Les températures que nous avions à observer étaient toujours très voisines de la température de l'air, et le thermomètre se mettait, par suite, très rapidement en équilibre. Le thermomètre était accroché à la bouteille Richard, qui servait à prendre l'échantillon d'eau de mer. Cette bouteille était munie d'un système à déclenchement à hélice.

Pendant la première campagne d'été du « Pourquoi Pas? », les températures furent prises seulement au fond de la mer. Pendant la deuxième campagne, le moteur de la machine à sonder pouvant tout juste relever par les grands fonds le fil de sonde, nous nous servions pour prendre les échantillons d'eau de mer d'un treuil à main, et nous avons pu prendre ainsi quelques séries verticales jusqu'à 500 mètres, et même, mais exceptionnellement, jusqu'à 1 000 mètres.

Enfin, pendant l'hivernage, à proximité de Port-Circoncision, dans le chenal de Lemaire, nous avons pris quelques séries de température jusqu'au fond, c'est-à-dire 150 mètres.

Principaux résultats. — Les températures d'eaux profondes que nous avons observées dans le détroit de Bransfield, le 26 décembre 1908, à proximité de l'île Hoseason, et le 24 décembre 1909, près de l'île Bridgman, confirment le résultat déjà signalé par l'expédition du Dr Nordenskjold : à partir d'une profondeur voisine de 500 mètres, la température de l'eau de mer est constante et assez basse, ce qui laisse supposer que le détroit de Bransfield forme un bassin spécial fermé par un seuil dont la profondeur serait voisine de 500 à 600 mètres. Ce seuil existe entre l'île Smith et l'île Snow, où nous avons trouvé le fond à 690 mètres, et il existe aussi probablement entre l'île Low et l'île Brabant.

Dans la baie de l'Amirauté (île du Roi-George), la température de l'eau de mer, à partir de 75 mètres environ jusqu'à 300 mètres, est de $0^o,2$. C'est à peu près la température que nous avons mesurée dans le détroit de Bransfield par des profondeurs analogues, et, probablement, comme l'indiquent d'ailleurs nos sondages, la baie de l'Amirauté est largement ouverte vers le détroit.

Au milieu de Port-Foster (île Déception), les températures sont tout à fait différentes. La passe de Port-Foster est étroite et sa profondeur ne dépasse pas une vingtaine de mètres. Les eaux profondes doivent se comporter comme celles d'un bassin fermé et être soumises à la variation annuelle de la température. Les eaux du fond sont plus froides qu'à la surface. Les séries sont tellement régulières qu'on peut affirmer qu'au milieu du Port les sources chaudes n'ont aucune influence et probablement n'existent pas. Ces sources chaudes, qui fument le long des plages, sont peut-être la cause de la température anormale que nous observons au fond à 50 mètres de profondeur dans l'anse des Baleiniers. Nous étions alors à 800 mètres environ du rivage. Tandis que, au milieu de Port-Foster, la température de l'eau de mer, à 50 mètres de profondeur, es nettement inférieure à 0° (-0^o3 à -0^o4), dans l'anse des Baleiniers elle est de $0^o,7$. Au même endroit, à 40 mètres, on observe seulement 0°.

Dans le détroit de Gerlache, la température que nous mesurons $0^o,55$ à 710 mètres est différente de celle qu'avait observée plus au nord M. Arctowski ($-0^o,2$ à 600 mètres).

Le long de la Terre de Graham, de l'île Adélaïde et de la Terre Alexandre-Ier, nos prises de température sont assez dispersées. Comme le fond est excessivement accidenté avec de véritables trous, il est probable que nous avons souvent affaire à des petits bassins isolés. L'eau de mer est plus chaude au fond qu'à la surface et est normalement au-dessus de 0° à partir de 150 mètres. Le long de la Terre Adélaïde, où le fond est probablement plus régulier, à 545 mètres, on observe des températures de 1°,2, à 330 mètres de 1° et à 150 mètres de 0°, tandis que l'eau de surface a une température voisine de — 0°,5. Entre l'île Adélaïde et la Terre Alexandre-Ier, nous pouvons grouper nos observations de la façon suivante :

Entre 100 et 200 mètres, température moyenne : 0°,5.

Entre 200 et 300 mètres, température moyenne : 0°,6.

Entre 300 et 400 mètres, température moyenne : 0°,4.

Entre 400 et 500 mètres, température moyenne : 0°,8.

Entre 500 et 600 mètres, température moyenne : 0°,7.

A 640 mètres, température : 0°,9.

La température ne varie donc pas beaucoup avec la profondeur, et cette série d'observations confirme notre hypothèse de bassins isolés, séparés les uns des autres par des seuils plus ou moins profonds.

Il est certain qu'il y a au-dessous de la surface de la mer un afflux d'eau chaude qui vient du nord ou de l'ouest. Il faut comparer à ces sondages thermométriques entre l'île Adélaïde et la Terre Alexandre-Ier ceux que nous avons faits pendant la deuxième campagne d'été à l'ouest de la Terre Alexandre. Dans ces derniers, la température de l'eau de mer n'est supérieure à 0° qu'à la profondeur de 500 mètres. A 200 mètres, l'eau est à — 1°,5. Au nord de la Terre Alexandre, dans une région voisine, l'eau est normalement au-dessus de 0° à partir de 150 mètres. Cet afflux d'eau chaude dont nous venons de parler semble donc se rapprocher de la surface à mesure que le fond remonte, et probablement il arrive, en certains points, jusqu'à la surface et est la cause des îlots d'eaux chaudes dont nous avons signalé l'existence dans le chapitre sur les températures de surface.

Dans la baie Marguerite, par 250 mètres, l'eau de mer a une température de — 1°,2, nettement inférieure à celle qu'on observe par ces profondeurs au large, où elle est en moyenne de 0°,6.

Dans la baie Matha, par 397 mètres, la température de l'eau de mer est de 1°,0, ce qui est tout à fait analogue à ce que nous avons observé le long de la Terre Adélaïde.

Les sondages thermométriques que nous avons faits pendant notre deuxième campagne d'été dans la mer de Bellingshausen s'ajoutent aux nombreuses séries prises par la « Belgica » et confirment la plupart des résultats que M. Arctowski a signalés.

A l'est, près de la Terre Alexandre et de la Terre Charcot, jusqu'à 300 mètres de profondeur, la température de l'eau de mer est inférieure à 0°. A 100 mètres et à 200 mètres, nous avons observé des températures de — 1°,7 et de — 1°,5. A 500 mètres, la température de l'eau de mer est supérieure à 0°.

A l'ouest de l'île Pierre-Ier, nos observations sont différentes. A

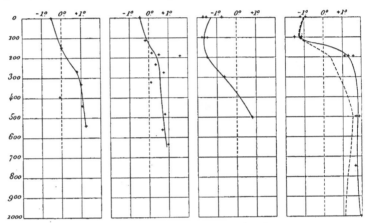

Figure 3. — Courbe des températures de l'eau de mer.

Courbe n° 1.	Courbe n° 2.	Courbe n° 3.	Courbe n° 4.
Ile Adélaïde :	Terre Alexandre-Ier :	L = 69° 30′ S.	L = 69° 30′ S.
L = 67° S.	L = 68° S.	G = 80° W.	G = 103° W.
G = 69° W.	G = 70° W.		

200 mètres de profondeur, en effet, la température de l'eau de mer est de 1°,6, et de 100 à 200 mètres, la température varie de — 1°,1 à 1°,6. Jusqu'à 1000 mètres, la température monte ensuite lentement. Ces résultats sont mis en évidence par les séries que nous avons prises le 16 janvier par L = 69°20′S et G = 99°49′W, le 17 janvier par L = 69°35′S et G = 104° 8′ W et le 18 janvier par L = 69°15′S et G = 105°47′W.

Plus à l'ouest, le 21 janvier, par L = 70°00′ S et G = 118°44′ W, à 200 mètres la température est au-dessus de 0°, mais elle est bien plus faible qu'aux sondages précédents (0°,3 au lieu de 1°,4). Le minimum a toujours lieu vers 100 mètres et le maximum vers 500 mètres. A partir de

500 mètres, la température de l'eau de mer décroît jusqu'au fond, que nous avons trouvé à 1050 mètres.

Le 23 janvier, 4° plus au nord, les températures que nous observons à 100 et à 200 mètres de profondeur sont presque les mêmes. Ce dernier sondage se rapproche beaucoup de ceux qu'a faits la « Belgica » dans le détroit de Drake.

Afin de mettre en évidence les remarques précédentes, j'ai tracé sur la figure 3 les courbes moyennes des sondages thermométriques que nous avons faits au sud du cercle polaire. J'ai groupé mes résultats de la façon suivante :

La courbe n° 1 comprend les sondages du 31 janvier 1909 le long de l'île Adélaïde. Ils se rapportent donc à la position moyenne suivante : $L = 67°$ S et $G = 69°$ W. La courbe n° 2 comprend les sondages faits entre l'île Adélaïde et la Terre Alexandre Ier le 16, le 21, le 22 et le 23 janvier 1909. Ils se rapportent à la position moyenne suivante $L = 68°$ S, $G = 70°$ W. La courbe n° 3 comprend nos sondages du 11, du 12 et du 13 janvier 1910 pris par environ $L = 69° 30'$ S et $G = 80°$ W. La courbe n° 4 comprend nos sondages du 16, du 17 et du 18 janvier 1910 pris par $L = 69° 30'$ S et $G = 103°$ W. Nous avons tracé en pointillé la courbe du sondage du 21 janvier 1910 pris par $L = 70° 00'$ S et $G = 118° 44'$ W.

Les séries de températures d'eaux profondes que nous avons prises dans le chenal de Lemaire, pendant l'hivernage du « Pourquoi Pas ? », à Port-Circoncision, doivent être considérées à part. Elles donnent la variation annuelle de la température jusqu'à la profondeur de 150 mètres. Cette variation est très sensible. En hiver, à 150 mètres de profondeur, on observe une température de — 0°,7, tandis qu'en été on observe 0°,4. L'amplitude est donc de 1°,1. A la surface, l'amplitude de la variation annuelle de la température de l'eau de mer est de 3°.

TEMPÉRATURE de L'EAU de MER à DIVERSES PROFONDEURS.

Dates.	Heures.	Position.		Profondeur en mètres.	Température
29 décembre 1908.	1 m.	L = 63° 45' (Détroit de Bransfield.)	G = 61° 20'	Surface. 1 320	1.8 —0.55
	11 m.	L = 64° 33' (Détroit de Gerlache.)	G = 62° 40'	Surface. 710	1.9 0.55
28 décembre.		Chenal Peltier.		Surface. 53 78	—1.0 0.0 —0.2
		Chenal de Roosen.		Surface. 87	0.0 0.2
29 décembre.	3 s.	Chenal Peltier.		Surface. 92	2.0 —0.1
15 janvier 1909.	6 m.	L = 67° 42' (Baie Marguerite.)	G = 68° 28'	Surface. 218	—0.7 —1.1
	3 s.	L = 67° 45' (Baie Marguerite.)	G = 68° 33'	Surface. 254	0.3 —1.18
	4 m.	L = 68° 15'	G = 69° 28'	Surface. 480	—1.2 0.8
16 janvier.	11 m.	L = 68° 20'	G = 69° 40'	Surface. 196	—1.2 1.6
	5 s.	L = 68° 18'	G = 69° 25'	Surface. 640	—1.2 0.9
17 janvier.	2 s.	Baie Marguerite.		Surface. 116 176	—1.0 —0.2 0.2
21 janvier.	2 s.	L = 67° 46'	G = 68° 24'	Surface. 188	—1.1 0.5
	6 s.	L = 68° 01'	G = 68° 00'	Surface. 230	1.8 0.4
22 janvier.	2 s.	L = 68° 35'	G = 70° 17	Surface. 160	—1.2 —0.8
	8 s.	L = 68° 20'	G = 70° 29'	Surface. 310	—1.2 0.2
	10 s.	L = 68° 16'	G = 70° 54'	Surface. 325	—1.3 0.6
	11,30 s.	L = 68° 22'	G = 71° 01'	570	0.7
23 janvier.	10 m.	L = 67° 58'	G = 69° 12'	Surface. 265	0.0 0.8
31 janvier.	6 m.	L = 67° 20'	G = 69° 29'	Surface. 545	—0.5 1.2
	8,30 m.	L = 67° 10'	G = 69° 20'	Surface. 400	—0.1 —0.1
	11 m.	L = 66° 55'	G = 69° 02'	Surface. 445	—0.1 1.1
	2 s.	L = 66° 42'	G = 68° 40'	Surface. 330	0.1 1.0

TEMPÉRATURE de L'EAU de MER à DIVERSES PROFONDEURS.
(Suite.)

Dates.	Heures.	Position.	Profondeur en mètres.	Température.
31 janvier 1909.	4 s.	L = 66° 35′ G = 68° 15′	Surface. 150	—0.6 0.0
	7 s.	L = 66° 40′. G = 67° 42′	Surface. 196 268	—0.3 0.4 0.8
1er février.	3 s.	L = 66° 52′ (Baie Matha.) G = 67° 20′	Surface. 397	—0.7 1.0
27 mars.		Chenal de Lemaire.	Surface. 68 240 270	—0.7 —0.4 0.38 0.4
3 juin.		Chenal de Lemaire.	Surface. 50 100 150 156	—1.68 —0.4 0.2 0.31 0.30
12 septembre.		Chenal de Lemaire.	Surface. 50 100 150	—1.8 —1.3 —0.8 —0.7
17 novembre.		Chenal de Lemaire.	Surface. 50 100 150	—1.3 —0.6 0.0 0.4
26 novembre.		Chenal de Roosen.	Surface. 50	—0.2 0.1
27 novembre.		Ile Déception (anse des Baleiniers).	Surface. 10 20 30 40 50	0.4 0.3 0.1 0.0 0.0 0.7
9 décembre.	2 s.	Ile Déception (au milieu de Port-Foster).	Surface. 50 100 150	—0.2 —0.3 —0.9 —1.3
21 décembre.	10 m.	Ile Déception (au milieu de Port Foster).	Surface. 50 100 150	0.9 —0.4 —1.1 —1.35
24 décembre.	8 m.	L = 62° 15′ (Près de l'île Bridgman.) G = 56° 20′	Surface. 100 200 500	0.2 0.1 0.1 —0.6
26 décembre.	4 s.	Baie de l'Amirauté.	Surface. 50 100 200 300	0.1 0.6 0.3 0.2 0.3
	6 s.	Baie de l'Amirauté.	Surface. 75	1.5 0.2

TEMPÉRATURE de L'EAU de MER à DIVERSES PROFONDEURS.
(*Suite.*)

Dates.	Heures.	Position.		Profondeur en mètres.	Température
11 janvier 1910.	1,30 m.	L = 69° 11'	G = 76° 28'	Surface. 100 300 500	—1.65 —1.7 —0.7 0.8
12 janvier.	5 m.	L = 69° 40'	G = 78° 10'	Surface. 100 200	—0.7 —1.6 —1.5
13 janvier.	10 s.	L = 69° 10'	G = 86° 25'	Surface. 100	—1.5 —1.5
16 janvier.	1 s.	L = 69° 20'	G = 99° 49'	Surface. 100 200 500	—0.9 —1.1 1.6 1.9
17 janvier.	10 s.	L = 69° 35'	G = 104° 18'	Surface. 100 200 500	—1.2 —1.5 1.2 1.8
18 janvier.	Midi.	L = 69° 15'	G = 105° 47'	Surface. 100 200 750 1 000	—0.9 —1.1 1.4 1.7 2.0
21 janvier.	6 s.	L = 70° 00'	G = 118° 44'	Surface. 100 200 500 750 1 000	—1.2 —1.3 0.3 1.5 1.3 1.15
23 janvier.	2 s.	L = 66° 15'	G = 119° 26'	Surface. 100 200 300 500	0.6 —1.0 0.3 1.75 1.9

CHAPITRE V

Chloruration et densité de l'eau de mer.

Les échantillons d'eau de mer que nous avons récoltés pendant le voyage du « Pourquoi Pas? » étaient conservés dans des bouteilles à fermeture hermétique, du modèle employé au Laboratoire océanographique de Christiánia. J'avais l'intention de déterminer la chloruration à bord, pendant le voyage, mais les nombreux essais que j'ai faits ont été infructueux. Quoique cette mesure soit très facile à l'aide des pipettes et des burettes de Knudsen, que j'avais emportées, sur un bateau aussi petit que le nôtre et aussi encombré, où l'on n'a à sa disposition qu'une petite quantité d'eau et pas toujours pure, où l'on sent que l'on gêne partout où l'on s'installe, on rencontre mille difficultés que j'avoue n'avoir pas pu surmonter. Et plutôt que de m'entêter à faire des mesures dans des conditions de précision peu satisfaisantes, j'ai préféré garder toute ma collection d'échantillons et ne faire la détermination de la chloruration qu'au retour, dans le premier laboratoire confortable. Au mois de mars 1910, j'ai trouvé à Montévidéo, dans le bureau météorologique national, un laboratoire où chaque jour on fait des mesures analogues, pour étudier la salinité de l'eau du rio de La Plata. M. Hamlet Bassano, directeur du service météorologique de l'Uruguay, a bien voulu mettre ce laboratoire à ma disposition, et j'ai pu ainsi déterminer avec précision et sans hâte la chloruration de plus de 200 échantillons que j'avais rapportés. Cette méthode a eu au moins l'avantage de faire toutes les mesures absolument dans les mêmes conditions.

J'ai fait les analyses de la façon suivante : j'ai dosé le chlore contenu dans 20 centimètres cubes d'eau de mer (mesurés avec une pipette de Knudsen), au moyen d'une solution titrée de nitrate d'argent (mesurée avec une burette de Knudsen), en me servant du chromate de potasse comme réactif indicateur. Toutes les dix analyses d'échantillons, je faisais une analyse d'eau normale. Cette eau normale m'avait été fournie par le Laboratoire Central de Christiania et était conservée dans des tubes de verre scellé. La titration des échantillons était corrigée d'après la différence entre la titration directe de l'eau normale ainsi obtenue et le titre de cette eau normale donné par le Laboratoire Central. Enfin la plupart des titrations ont été faites deux fois. Je n'insiste pas sur les détails de la méthode, ni sur les précautions qu'il faut prendre, car toute cette question a été longuement traitée déjà dans des ouvrages spéciaux, en particulier par M. L.-G. Sabrou dans son « Rapport sur les méthodes d'analyse en usage dans les laboratoires du Conseil international permanent pour l'exploration de la mer » (*Bulletin du Musée océanographique de Monaco*, 30 décembre 1904).

Dans les tableaux qui suivent, je représente par :

Cl, le poids de chlore en grammes contenu dans 1 000 grammes d'eau de mer.

Salinité, le poids total en grammes de la matière solide dissoute dans 1 000 grammes d'eau ;

σ^0_4, la densité à 0°, en prenant comme base l'eau distillée à 4° C. (ces deux dernières valeurs, salinité et σ^0_4, ont été prises d'après Cl dans les tables de Knudsen (*Hydrographical Tables* Copenhagen, 1901) ;

σ^θ_4, la densité à la température *in situ* θ, calculée sur les courbes de dilatation de l'eau de mer de M. Thoulet ;

$\pi\sigma^\theta_4$, la densité *in situ*, en tenant compte du coefficient de compression π correspondant à la profondeur à laquelle l'eau a été puisée (J. Thoulet, *Océanographie statique*, p. 361).

La longitude est comptée à partir de Greenwich.

Chloruration et densité des eaux de mer de surface. — Les valeurs de la chloruration et de la densité de l'eau de mer de surface que nous publions dans les tableaux suivants complètent les valeurs rapportées par le voyage de la « Belgica » et celui du « Français ».

Dans le détroit de Drake, la densité *in situ* de l'eau de mer va en croissant jusqu'aux Shetlands du Sud. Au voisinage du cap Horn, par L = 58° 10′ S et G = 67° 02′ W, elle est de 1,02631, et, en vue de l'île Smith, par L = 62° 13′ S et G = 63° 02′ W, elle est de 1,02730. Tout près du cap Horn, à une vingtaine de milles des terres, la densité de l'eau

de mer est plus faible : 1,02575 par L = 56°34′ S et G = 67°39′ W,
le 19 décembre 1908. Dans notre traversée de retour, le 1er février 1910,
à une vingtaine de milles du cap Pilar, nous avons noté aussi une dimi-
nution très appréciable de la densité, 1,02560, alors que plus au large
nous observions 1,02620 et des chiffres plus forts. Ces deux échantillons
du 19 décembre 1908 et du 1er février 1910 étaient à des températures assez élevées, et ce n'est pas simplement le voisinage des terres
qui diminue leur densité, mais probablement aussi l'influence de la
branche sud du courant de Humboldt, qui suit de très près le rivage du
Chili et de la Terre de Feu, et qui amène jusqu'au sud du cap Horn les
eaux plus légères et plus chaudes du Nord.

Dans les canaux de la Terre de Feu et le détroit de Magellan, la densité
est notablement inférieure à celle qu'on observe en pleine mer. Dans la
baie Ponsomby, nous avons mesuré 1,02383 et dans le long Reach
1,02274. L'influence des glaciers et des ruisseaux si nombreux, qui se
jettent dans la mer dans ces parages, est évidente.

Dans le détroit de Bransfield, d'après nos observations de 1908 et
de 1909, la valeur moyenne de la densité est de 1,02730. Dans l'est du
détroit, vers l'île Bridgman et l'île du Roi-George (observations
du 24 décembre 1909), la densité est encore plus forte (1,02760 environ).

Dans l'intérieur de Port-Foster (île Déception), la densité est normalement plus faible que dans le détroit de Bransfield, et cette différence de
densité cause dans la passe un courant vers le détroit que nous avons
observé plusieurs fois. Le flot est en général faible, tandis que le jusant
est fort.

Dans la baie de l'Amirauté (île du Roi-George), la seule valeur que
nous avons observée à la surface, 1,02770, nous paraît anormalement
forte, surtout si l'on considère qu'à 50 mètres de profondeur elle n'est
que de 1,02757. La densité serait ainsi au milieu de la baie plus forte que
dans le détroit de Bransfield, ce qui semble, *a priori*, inexact.

Dans le détroit de Gerlache, la densité, 1,02720, est moins forte que
dans le détroit de Bransfield. Le voisinage des glaciers la fait diminuer
encore dans le chenal de Roosen et dans le chenal Peltier.

Au voisinage de la Terre de Graham, en janvier, par 65° environ de latitude, la densité est en moyenne de 1,02626 ; plus au large, elle augmente et on observe, par la même latitude et par 70° de longitude, 1,02717.

Dans la baie Matha, la moyenne de nos quatre observations est de 1,02612.

Au large de l'ile Adélaïde, en ne tenant pas compte de la valeur anormale du 31 janvier à 8 h. 30 du matin, 1,02494, nous trouvons comme valeur moyenne 1,02643.

Entre l'ile Adélaïde et la Terre Alexandre-Ier, les conditions naturellement varient avec l'état des glaces : un échantillon pris au milieu du pack est naturellement plus léger qu'un échantillon pris en mer libre. Nous nous sommes cependant efforcés de ne récolter nos échantillons qu'en eau relativement assez libre. Il faut donc, afin d'éliminer les accidents, considérer les moyennes de plusieurs observations. Si nous groupons, par exemple, les densités suivant la longitude, à l'est du 69° de longitude, qui passe à peu près par l'extrémité sud de l'ile Adélaïde, la densité moyenne est de 1,02590, tandis qu'à l'ouest de ce méridien jusqu'au 71e la densité moyenne est de 1,02626. Enfin, au large, par des latitudes analogues et par 74° de longitude, la moyenne de nos observations du 10 janvier 1910 donne 1,02743.

Donc, à mesure qu'on se rapproche de la Terre Fallières, qui, au mois de janvier 1909, était entourée d'une banquise absolument compacte, la densité de l'eau diminue.

Dans la baie Marguerite, la moyenne de nos trois observations donne 1,02619, valeur sensiblement analogue à celle que l'on observe dans la baie Matha.

On peut résumer les remarques qui précédent de la façon suivante :

Du cap Horn à la Terre Alexandre-Ier, le maximum de la densité de l'eau de mer a été observé dans le voisinage du détroit de Bransfield. La densité diminue le long de la côte de la Terre de Graham jusqu'aux environs des iles Biscoë, et entre le 63e et le 66e degré de latitude la densité passe de 1,02730 à 1,02630. Cette différence de densité explique le courant nord souvent très fort que l'on observe le long de la côte. Ce courant se fait sentir encore dans le détroit de Bransfield, et nous avons fait à ce sujet une observation très nette le 27 novembre 1909; malgré un très fort vent de NE, nous sommes remontés vers l'île Déception bien plus rapidement que nous ne l'aurions fait dans des conditions analogues si nous n'avions pas eu un fort courant pour nous. Au large de la Terre de Graham, la densité ne varie pas avec la latitude, et il est probable que ce courant n'existe pas.

Au sud des îles Biscoë jusqu'à la Terre Alexandre-Ier, la densité moyenne reste à peu près constante, sauf au voisinage immédiat de la banquise. Il ne doit donc plus y avoir le long de la côte de l'île Adélaïde un courant nord. Nous n'avons pas fait à ce sujet d'observations précises, et l'existence d'un courant quélconque ne nous a pas frappés d'une façon particulière.

Dans la baie Marguerite, entre l'île Jenny et l'île Adélaïde, nous avons souvent observé un courant sud, très naturel puisque tout le nord de cette baie était recouvert d'une banquise compacte. C'est là, d'ailleurs, une loi qui semble générale : à la lisière d'une banquise compacte, par calme, en été, on éprouve un courant souvent assez fort, qui tend à écarter de la banquise. Nous avons observé ce courant dans la baie Matha, dans la baie Marguerite et près de la Terre Fallières.

Enfin, comme la densité est bien plus forte au large qu'entre l'île Adélaïde et la Terre Alexandre-Ier, il doit y avoir un courant Ouest, et c'est bien ce que nous avons remarqué dans le pack, au nord de la Terre Alexandre.

Les observations que nous avons faites pendant notre deuxième campagne d'été, au mois de janvier 1910, dans la mer de Bellingshausen, peuvent être groupées suivant la latitude :

Entre 68° et 69° de latitude Sud, la densité moyenne de l'eau de mer de surface est de 1,02704 ;

Entre 69° et 70° de latitude Sud, la densité moyenne de l'eau de mer de surface est de 1,02676 ;

Enfin au sud de 70°, nous avons une observation de 1,02651.

Les conditions étaient à peu près toujours les mêmes ; nous étions entourés d'icebergs en nombre parfois considérable, et la banquise, composée de floes épais et compacts, était voisine.

La densité diminue donc en moyenne très nettement à mesure qu'on avance vers le Sud, et elle est supérieure à celle que l'on observe au voisinage du pack qui entoure la Terre Fallières, la Terre de Graham et la Terre Alexandre-Ier.

L'examen des valeurs journalières moyennes de la densité nous révèle d'un jour à l'autre des différences intéressantes. Ainsi, le 12 et le 15 janvier, la densité est supérieure à celles que l'on observe les jours voisins. Le 12 janvier, elle est de 1,02691 et le 15 janvier de 1,02704. C'est justement ces jours-là que la banquise présentait des indentations très remarquables vers le Sud et que nous avons noté aussi des températures de l'eau de mer relativement élevées. Le 18, le 19 et le 20, la densité est encore supérieure à 1,02700. Pour observer des densités aussi fortes, il faudra, le 23 et le 24 janvier, quelques degrés plus à l'ouest, remonter de 5° plus au nord. Là encore il y a une inflexion importante des lignes d'égale densité.

Dans notre traversée de retour à la Terre de Feu, la densité de l'eau de mer croît d'une façon à peu près constante jusqu'au 26 janvier, où nous observons par L = 58° 04′ et G = 102° 34′ une densité de 1,02724. C'est ce jour-là que nous apercevons notre dernier iceberg, et nous avons eu d'ailleurs un courant nord assez fort jusqu'au 25 janvier. La densité diminue ensuite jusqu'au détroit de Magellan, au voisinage duquel, à 60 milles environ du cap Pilar, nous observons 1,02620, et seulement 1,02560 à une vingtaine de milles de la côte.

Nous avons tracé, d'après nos observations, une carte des densités de l'eau de mer de surface pour la région que nous avons parcourue (Pl. II). Entre le détroit de Drake et notre itinéraire de retour au détroit de Magellan, le tracé des lignes d'égale densité est évidemment hypothétique. Il ressort de cette carte qu'entre la mer de Bellingshausen et les mers du cap Horn il existe une ligne de densité maximum (environ 1,02730). Cette ligne passe par 105° de longitude ouest et 60° de latisud. Elle doit s'infléchir fortement vers le Sud et pénétrer ainsi dans la mer de Bellingshausen; elle remonte au large de la Terre de Graham et passe au voisinage des Shetlands du Sud.

Autour du cap Horn, les lignes d'égale densité suivent le contour des

côtes ; dans l'Antarctique, elles suivent aussi, approximativement, le contour des terres et celui de la banquise. Elles présentent, dans la mer de
Bellingshausen, des inflexions remarquables qui causent probablement
un afflux d'eau du Nord au Sud, divisé en deux branches après avoir
heurté le socle de Pierre Ier.

Les observations que nous avons faites pendant l'hivernage du « Pourquoi Pas ? » à l'île Petermann sont portées sur les figures 4 et 5. La chloruration et la densité de l'eau de mer de surface croissent jusqu'au

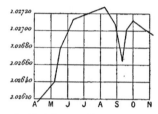

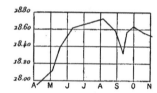

Figure 4. — Variation annuelle de la densité de l'eau   Figure 5. — Variation annuelle de la chloruration
                    de mer.   de l'eau de mer.

mois d'août ; elles restent encore ensuite très élevées jusqu'au mois de
novembre. L'observation assez faible du 12 septembre est sans doute
anormale. Cette variation annuelle s'explique naturellement par la formation de la glace de mer qui enrichit l'eau de mer en sels pendant
les mois où la congélation se produit d'une façon continue.

Toutes les densités que nous avons observées pendant l'année dans le
chenal de Lemaire sont inférieures à celles que nous avons observées en
été dans le détroit de Bransfield (1,02730). Il est d'ailleurs probable que,
dans le détroit de Bransfield, la densité de l'eau de mer doit augmenter
pendant l'hiver. Le courant nord, que nous avons si souvent observé
pendant l'hivernage, tant dans le chenal de Lemaire qu'au large de l'île
Petermann, et cela malgré la fréquence extraordinaire des vents de NE, est
donc normal et trouve son explication dans cette différence de densités.

Chloruration et densité des eaux de mer profondes. — Les densités
in situ sont évidemment plus fortes au fond qu'à la surface, à cause de
l'énorme pression des couches d'eau superposées. Dans les remarques
qui suivent, nous ne considérons que les densités c'_{4}, sans tenir compte
du coefficient de compression.

Normalement la chloruration et la densité augmentent avec la profondeur. A partir de 300 mètres de profondeur au large de l'île Adélaïde et de la Terre Alexandre Ier, elle semble rester stationnaire. Nos observations ne sont pas assez fréquentes, et le fond est trop tourmenté pour qu'on puisse en déduire la loi de la circulation profonde.

Dans la mer de Bellingshausen, la chloruration et la densité augmentent aussi d'une façon générale avec la profondeur. Par 69° environ de latitude, nous retrouvons, entre les échantillons pris par 77° de longitude et ceux pris par 110°, des différences analogues à celles que nous avons signalées pour les températures. A l'est de la mer de Bellingshausen, par 200 mètres de profondeur, les eaux sont froides et peu salées, et à la même profondeur, à l'ouest, les eaux sont plus chaudes et plus salées.

Enfin, entre les deux stations du 21 et du 23 janvier 1910, nous observons en profondeur des densités qui semblent prouver qu'il y a un afflux d'eau du Nord au Sud à partir de 100 mètres de profondeur.

CHLORURATION ET DENSITÉ DE L'EAU DE MER.

Dates.	Heures.	Positions.		Profondeur en mètres.	Température.	Cl.	Salinité.	σ^0_4.	σ^θ_4.	$n_D{}^\theta_4$.
19 déc. 1908.	6 m.	Baie Ponsomby.		Surface.	8.0	16.93	30.59	1.02457	1.02383	1.02383
	6 s.	L = 56° 34′	G = 67° 39′	—	8.0	18.31	33.08	2658	2575	2575
20 décembre.	6 m.	L = 58° 10′	G = 67° 02′	—	5.0	18.41	33.26	2672	2631	2631
21 décembre.	6 m.	L = 60° 36′	G = 66° 45′	—	2.6	18.85	34.05	2736	2715	2715
	6 s.	L = 61° 37′	G = 65° 32′	—	1.1	18.74	33.86	2720	2714	2714
22 décembre.	6 m.	L = 62° 13′	G = 63° 02′	—	1.0	18.85	34.05	2736	2730	2730
	6 s.	L = 63° 00′	G = 61° 20′	—	1.3	18.91	34.16	2745	2739	2739
25 décembre.	6 s.	L = 63° 06′	G = 60° 35′	—	1.8	18.85	34.05	2736	2724	2724
	10 s.	L = 63° 25′	G = 61° 00′	—	0.8	18.96	34.25	2752	2747	2747
26 décembre.	1 m.	L = 63° 45′	G = 61° 20′	1 320	—0.6	19.29	34.85	2800	2804	3436
	2 m.	L = 63° 45′	G = 61° 20′	Surface.	1.8	18.91	34.16	2745	2734	2734
	6 m.	L = 64° 06′	G = 61° 40′	—	2.0	18.85	34.05	2736	2722	2722
	11 m.	Détroit de 〈 L = 64° 33′	G = 62° 40′	—	1.9	18.80	33.96	2729	2715	2715
	11 m.	Gerlache. ' L = 64° 33′	G = 62° 40′	710	0.6	19.29	34.85	2800	2797	3136
28 décembre.		Chenal Peltier.		Surface.	—1.0	18.20	32.88	2642	2647	2647
		—		53	0.0	18.69	33.77	2713	2713	2739
		—		78	—0.2	18.75	33.87	2722	2723	2755
		Chenal de Roosen.		Surface.	0.0	18.64	33.68	2706	2706	2706
		—		87	0.2	18.75	33.87	2722	2721	2762
29 décembre.	3 s.	Chenal Peltier.		Surface.	2.0	18.20	32.88	2642	2630	2630
		—		92	—0.1	18.86	34.07	2738	2738	2782
13 janvier 1909.	11 s.	L = 66° 10′	G = 66° 30′	Surface.	—0.3	17.89	32.32	2597	2598	2598
	10 m.	L = 65° 48′	G = 65° 50′	—	1.1	18.38	33.21	2668	2660	2660
	6 s.	L = 66° 02′	G = 66° 24′	—	0.0	18.01	32.54	2614	2614	2614
		L = 66° 05′	G = 66° 28′	—	—1.0	18.12	32.74	2630	2633	2633
14 janvier.	2 m.	L = 66° 20′	G = 66° 45′	—	0.0	18.00	32.52	2613	2613	2613
	6 m.	L = 66° 35′	G = 67° 00′	—	0.0	17.79	32.14	2582	2582	2582
	Midi.	L = 66° 36′	G = 67° 54′	—	0.7	18.25	32.97	2649	2644	2644
	6 s.	L = 67° 05′	G = 69° 10′	—	1.0	18.25	32.97	2649	2643	2643
15 janvier.	2 m.	L = 67° 52′	G = 68° 32′	—	—0.5	17.87	32.29	2594	2596	2596
		Baie Marguerite.		—	—0.7	17.87	32.29	2594	2596	2596
				218	—1.1	18.96	34.25	2752	2760	2865
		L = 67° 45′	G = 68° 33′	Surface.	0.3	18.09	32.68	2626	2625	2625
		L = 67° 45′	G = 68° 33′	254	—1.2	18.91	34.16	2745	2750	2873
	6 s.	L = 67° 47′	G = 68° 32′	Surface.	—0.2	17.48	31.58	2537	2538	2538
	10 s	L = 67° 50′	G = 68° 32′	—	—0.3	17.87	32.29	2594	2595	2595
16 janvier.	2 m.	L = 68° 00′	G = 69° 00′	—	—1.0	17.81	32.18	2585	2589	2589
	4 m.	L = 68° 15′	G = 69° 28′	480	0.8	19.02	34.36	2761	2757	2987
	6 m.	L = 68° 15′	G = 69° 28′	Surface.	—1.2	17.87	32.29	2594	2600	2600
	11,30 m.	L = 68° 20′	G = 69° 40′	196	1.6	18.64	33.68	2706	2696	2789
	5 s.	L = 68° 18′	G = 69° 25′	640	0.9	19.02	34.36	2761	2756	3063
17 janvier.	2 s.	Baie Marguerite.		Surface.	—1.0	18.09	32.68	2626	2631	2631
				176	0.2	18.86	34.07	2738	2737	2821
21 janvier.	2 s.	L = 67° 46′	G = 68° 24′	Surface.	1.8	17.88	32.30	2595	2585	2585
		L = 67° 46′	G = 68° 24′	116	—0.2	18.97	34.27	2754	2755	2809
		L = 67° 46′	G = 68° 24′	188	0.5	19.35	34.96	2809	2806	2895
	6 s.	L = 68° 01′	G = 68° 00′	230	0.4	19.18	34.65	2784	2781	2892
22 janvier.	2 s.	L = 68° 35′	G = 70° 17′	Surface.	—1.2	17.98	32.48	2610	2616	2616
		L = 68° 35′	G = 70° 17′	166	—0.8	18.03	32.57	2617	2622	2700
	6 s.	L = 68° 35′	G = 70° 17′	295		19.05	34.42	2765		
	8 s.	L = 68° 20′	G = 70° 29′	Surface.	—1.2	18.03	32.57	2617	2623	2623
		L = 68° 20′	G = 70° 29′	310	0.2	19.07	34.45	2768	2767	2917
	10 s.	L = 68° 16′	G = 70° 54′	Surface.	—1.3	18.09	32.68	2626	2633	2633
	11,30 s.	L = 68° 22′	G = 71° 01′	325	0.6	19.13	34.56	2777	2774	2930
23 janvier.	2 m.	L = 68° 10′	G = 70° 54′	570	0.7	19.07	34.45	2768	2764	3036
	6 m.	L = 68° 05′	G = 69° 45′	Surface.	—1.2	17.98	32.48	2610	2617	2617
	10 m.	L = 67° 58′	G = 69° 12′	—	—1.0	18.25	32.97	2649	2654	2654
		L = 67° 58′	G = 69° 12′	—	0.0	18.37	33.19	2667	2667	2667
	2 s.	Baie Marguerite.		265	0.8	18.75	33.87	2722	2717	2843
31 janvier.	6 m.	L = 67° 20′	G = 69° 29′	Surface.	0.0	18.09	32.68	2626	2626	2626
	8,30 m.	L = 67° 20′	G = 69° 20′	545	1.2	19.18	34.65	2784	2777	3038
		L = 67° 10′	G = 69° 20′	Surface.	—0.1	17.18	31.04	2494	2494	2494
	11 m.	L = 66° 55′	G = 69° 02′	400	1.0	19.13	34.56	2777	2772	2963
		L = 66° 55′	G = 69° 02′	Surface.	—0.1	18.20	32.88	2642	2642	2642
	2 s.	L = 66° 42′	G = 68° 40′	445	1.1	19.13	34.56	2777	2772	2985
				Surface.	0.1	18.14	32.77	2633	2633	2633

CHLORURATION ET DENSITÉ DE L'EAU DE MER (Suite).

Dates.	Heures.	Positions.	Profondeur en mètres.	Température.	Cl.	Salinité.	σ_4^0	σ_4^t	$n\sigma_4^t$
31 janvier 1909.	2 s.	L = 66° 42′ G = 68° 40′	330	1.0	19.18	34.65	1.02784	1.02779	1.02937
	4,15 s.	L = 66° 35′ G = 68° 15′	Surface.	—0.6	18.25	32.97	2649	2653	2653
		L = 66° 35′ G = 68° 15′	150	0.0	18.83	34.02	2734	2734	2806
	7 s.	L = 66° 40′ G = 67° 42′	Surface.	—0.3	17.98	32.48	2610	2612	2612
		L = 66° 40′ G = 67° 42′	268	0.8	19.13	34.56	2777	2773	2901
1er février.	3 s.	Baie Matha.	Surface.	—0.7	18.17	32.83	2638	2643	2643
			380	1.0	19.16	34.61	2782	2776	2952
18 avril.		Chenal de Lemaire.	Glace de mer.	—2.0	12.42	22.45	1803		
26 avril.		—	Surface.	—1.7	17.95	32.43	2606	2616	2616
21 mai.		—	—	—1.8	18.12	32.74	2630	2640	2640
3 juin.		—	—	—1.7	18.39	33.22	2670	2680	2680
		—	50	—0.4	18.70	33.78	2715	2717	2741
		—	100	0.2	18.83	34.02	2734	2733	2781
		—	150	0.3	18.83	34.02	2734	2733	2805
		—	156	0.3	18.96	34.25	2752	2751	2825
4 juin.		—	Glace de mer.	—2.	8.24	14.90	1197		
28 juin.		—	Surface.	—1.	18.61	33.62	2702	2712	2712
20 août.		—	—	—1.9	18.72	33.82	2718	2728	2728
		—	Glace de Mer.		8.91	16.11	1294		
12 septembre.		—	Surface.	—1.8	18.59	33.58	2699	2709	2709
		—	50	—1.3	18.75	33.87	2722	2729	2753
		—	100	—0.8	18.86	34.07	2738	2743	2791
24 septembre.		—	Surface.	—1.6	18.31	33.08	2658	2667	2667
4 octobre.		—	—	—1.2	18.58	33.57	2697	2703	2703
5 octobre.		—	Glace de mer.		8.80	15.91	1278		
15 octobre.		—	Surface.	—0.9	18.64	33.68	2706	2712	2712
7 novembre.		—	—	—1.0	18.58	33.57	2697	2703	2703
		—	50		18.91	34.16	2745		
		—	100		18.91	34.16	2745		
		—	150		19.13	34.56	2777		
17 novembre.		—	Surface.	—1.3	18.53	33.48	2690	2697	2697
		—	50	—0.6	18.81	33.98	2731	2735	2786
		—	100	0.0	19.08	34.47	2770	2770	2818
		—	150	0.4	19.08	34.47	2770	2769	2841
26 novembre.	Midi.	Chenal de Roosen.	Surface	—0.2	18.86	34.07	2738	2739	2739
			50	0.1	18.97	34.27	2754	2754	2778
28 novembre.	6 m.	Ile Déception.	Surface.	—0.3	18.53	33.48	2690	2691	2691
	2 s.	—	—	0.1	18.96	34.25	2752	2752	2752
9 décembre.	2 s.	—	—	—0.2	18.15	32.79	2635	2636	2636
		—	50	—0.3	18.80	33.96	2729	2730	2754
		—	100	—0.9	18.86	34.07	2738	2744	2792
		—	150	—1.3	19.02	34.36	2761	2767	2841
		Détroit de Bransfield :							
23 décembre.	10 m.	L = 63° 00′ G = 60° 10′	Surface.	0.7	18.95	34.23	2751	2747	2747
	4 s.	L = 62° 55′ G = 58° 15′	—	1.0	18.75	33.87	2722	2716	2716
24 décembre.	2 m.	L = 62° 18′ G = 56° 45′	—	0.0	18.86	34.07	2738	2738	2738
	8 m.	L = 62° 15′ G = 56° 20′	—	0.2	19.08	34.47	2770	2769	2769
		L = 62° 15′ G = 56° 20′	100	0.1	19.18	34.65	2784	2784	2832
		L = 62° 15′ G = 56° 20′	200	0.1	19.13	34.56	2777	2777	2873
		L = 62° 15′ G = 56° 20′	500	—0.6	19.24	34.76	2793	2798	3038
	3 s.	L = 62° 07′ G = 57° 45′	Surface.	0.9	19.02	34.36	2761	2756	2756
26 décembre.	4 s.	Baie de l'Amirauté.	—	0.1	19.08	34.47	2770	2770	2770
		—	50	0.6	19.02	34.36	2761	2757	2781
		—	100	0.3	19.02	34.36	2761	2758	2806
		—	200	0.2	19.13	34.56	2777	2776	2872
		—	300	0.3	19.29	34.85	2800	2798	2942
6 janvier 1910.	8 s.	L = 63° 19′ G = 61° 43′	Surface.	0.9	18.86	34.07	2738	2733	2733
7 janvier.	Midi.	L = 63° 40′ G = 63° 30′	—	0.8	18.96	34.25	2752	2747	2747
8 janvier.	Midi.	L = 64° 15′ G = 60° 40′	—	1.0	18.48	33.39	2683	2677	2677
8 janvier.	Minuit.	L = 64° 55′ G = 68° 30′	—	0.7	18.48	33.39	2683	2678	2678
9 janvier.	Midi.	L = 65° 40′ G = 70° 00′	—	0.8	18.75	33.87	2722	2717	2717
	8 s.	L = 66° 36′ G = 71° 40′	—	0.8	18.75	33.87	2722	2717	2717
10 janvier.	4 m.	L = 67° 31′ G = 73° 13′	—	0.3	19.13	34.56	2777	2776	2776

CHLORURATION ET DENSITÉ DE L'EAU DE MER (Suite).

Dates.	Heures.	Positions.		Profondeur en mètres.	Température.	Cl.	Salinité.	σ^0_4.	σ^t_4.	$n\sigma^t_4$.
10 janvier 1910.	Midi.	L = 68° 28'	G = 74° 26'	Surface.	0.1	18.69	33.77	1.02713	1.02713	1.02713
11 janvier.	2 m.	L = 69° 11'	G = 76° 28'	—	—1.7	18.37	33.19	2667	2676	2676
		L = 69° 11'	G = 76° 28'	100	—1.7	18.64	33.68	2706	2716	2764
		L = 69° 11'	G = 76° 28'	300	—0.7	18.97	34.27	2754	2759	2903
		L = 69° 11'	G = 76° 28'	500	0.8	19.18	34.65	2784	2780	3019
12 janvier.	4 m.	L = 69° 33'	G = 77° 49'	Surface.	1.0	18.70	33.78	2715	2710	2710
	5 m.	L = 69° 40'	G = 78° 10'	—	—0.7	18.37	33.19	2667	2672	2672
		L = 69° 40'	G = 78° 10'	100	—1.6	18.85	34.05	2736	2745	2793
		L = 69° 40'	G = 78° 10'	200	—1.5	18.54	33.49	2691	2700	2796
13 janvier.	Midi.	L = 69° 29'	G = 83° 27'	Surface.	—1.2	18.14	32.77	2633	2639	2639
	10 s.	L = 69° 10'	G = 86° 30'	—	—1.5	18.20	32.88	2642	2650	2650
		L = 69° 10'	G = 86° 30'	100	—1.5	18.75	33.87	2722	2731	2779
14 janvier.	Midi.	L = 68° 35'	G = 88° 46'	Surface.	—0.2	18.33	33.28	2674	2675	2675
15 janvier.	4 m.	L = 68° 06'	G = 92° 00'	—	—0.2	18.70	33.78	2715	2716	2716
	6 s.	L = 68° 36'	G = 96° 00'	—	—0.1	18.75	33.87	2722	2723	2723
16 janvier.	4 m.	L = 69° 05'	G = 97° 42'	—	—0.2	18.42	33.28	2674	2675	2675
		L = 69° 20'	G = 99° 49'	—	—0.9	18.10	32.70	2627	2632	2632
		L = 69° 20'	G = 99° 49'	100	—1.1	18.96	34.25	2752	2758	2807
		L = 69° 20'	G = 99° 49'	200	1.6	18.54	33.49	2691	2681	2776
		L = 69° 20'	G = 99° 49'	500	1.9	19.13	34.56	2777	2765	3004
17 janvier.	10 m.	L = 69° 05'	G = 102° 04'	Surface.	—0.3	18.47	33.37	2681	2683	2683
	10 s.	L = 69° 35'	G = 104° 18'	—	—1.2	18.37	33.19	2667	2674	2674
		L = 69° 35'	G = 104° 18'	500	1.8	18.81	33.98	2731	2720	2959
18 janvier.	Midi.	L = 69° 15'	G = 105° 47'	Surface.	—0.9	18.70	33.78	2715	2709	2709
		L = 69° 15'	G = 105° 47'	100	—1.1	18.86	34.07	2738	2744	2792
		L = 69° 15'	G = 105° 47'	200	1.4	19.02	34.36	2761	2754	2850
		L = 69° 15'	G = 105° 47'	750	1.7	19.03	34.38	2763	2752	3111
		L = 69° 15'	G = 105° 47'	1 000	2.0	19.35	34.96	2809	2793	3272
19 janvier.	4 s.	L = 69° 30'	G = 109° 28'	Surface.	—1.0	18.64	33.68	2706	2713	2713
20 janvier.	6 m.	L = 68° 34'	G = 110° 35'	—	—1.0	18.53	33.48	2690	2697	2697
	4 s.	L = 68° 36'	G = 114° 15'	—	—0.8	18.58	33.57	2697	2703	2703
21 janvier.	2 m.	L = 69° 04'	G = 117° 00'	—	—1.3	18.47	33.37	2681	2690	2690
	6 s.	L = 70° 05'	G = 118° 50'	—	—1.2	18.21	32.90	2643	2651	2651
		L = 70° 05'	G = 118° 50'	100	—1.3	18.93	34.20	2748	2758	2807
		L = 70° 05'	G = 118° 50'	200	0.3	19.15	34.60	2780	2779	2875
		L = 70° 05'	G = 118° 50'	500	1.5	19.35	34.96	2809	2798	3037
		L = 70° 05'	G = 118° 50'	750	1.3	19.35	34.96	2809	2799	3159
		L = 70° 05'	G = 118° 50'	1 000	1.15	19.35	34.96	2809	2800	3278
22 janvier.	Minuit.	L = 67° 28'	G = 120° 30'	Surface.	—0.5	18.27	33.01	2652	2656	2656
	4 s.	L = 68° 18'	G = 121° 00'	200		18.91	34.16	2745		
23 janvier.	2 s.	L = 66° 15'	G = 119° 26'	Surface.	0.6	18.36	33.17	2665	2661	2661
		L = 66° 15'	G = 119° 26'	100	—1.0	18.64	33.68	2706	2713	2761
		L = 66° 15'	G = 119° 26'	200	0.3	18.42	33.28	2674	2672	2767
		L = 66° 15'	G = 119° 26'	300	1.75	19.02	34.36	2761	2748	2882
		L = 66° 15'	G = 119° 26'	500	1.9	18.97	34.27	2754	2739	2978
	Minuit.	L = 65° 24'	G = 117° 34'	Surface.	0.8	18.63	33.66	2704	2698	2698
24 janvier.	Midi.	L = 64° 07'	G = 114° 34'	—	2.2	18.74	33.86	2720	2703	2703
25 janvier.	Midi.	L = 61° 23'	G = 108° 39'	—	2.6	18.81	33.98	2731	2701	2701
	Minuit.	L = 60° 17'	G = 106° 44'	—	3.0	18.86	34.07	2738	2714	2714
26 janvier.	Midi.	L = 59° 15'	G = 104° 50'	—	4.7	18.96	34.25	2752	2710	2710
	Minuit.	L = 58° 04'	G = 102° 34'	—	4.2	19.02	34.36	2761	2724	2724
27 janvier.	Midi.	L = 56° 52'	G = 100° 16'	—	5.4	18.81	33.98	2731	2687	2687
	Minuit.	L = 56° 22'	G = 97° 49'	—	5.0	18.75	33.87	2722	2681	2681
28 janvier.	Midi.	L = 55° 54'	G = 95° 22'	—	5.7	18.97	34.27	2754	2704	2704
	Minuit.	L = 55° 27'	G = 93° 12'	—	5.6	18.86	34.07	2738	2689	2689
29 janvier.	Midi.	L = 55° 00'	G = 91° 00'	—	6.4	18.97	34.27	2754	2690	2690
	Minuit.	L = 54° 26'	G = 88° 25'	—	6.7	18.81	33.98	2731	2662	2662
30 janvier.	Midi.	L = 53° 52'	G = 85° 53'	—	6.8	18.97	34.27	2754	2686	2686
	Minuit.	L = 53° 07'	G = 83° 00'	—	7.3	18.86	34.07	2738	2665	2665
31 janvier.	Midi.	L = 52° 25'	G = 80° 10'	—	7.4	18.86	33.98	2731	2660	2660
	Minuit.	L = 52° 11'	G = 77° 56'	—	7.8	18.59	33.58	2699	2620	2620
1er février.	Midi.	L = 52° 50'	G = 75° 10'	—	9.2	18.32	33.10	2659	2560	2560
5 février.	10 m.	Long Reach (détroit de Magellan).		—	8.5	16.20	29.27	2352	2274	2274

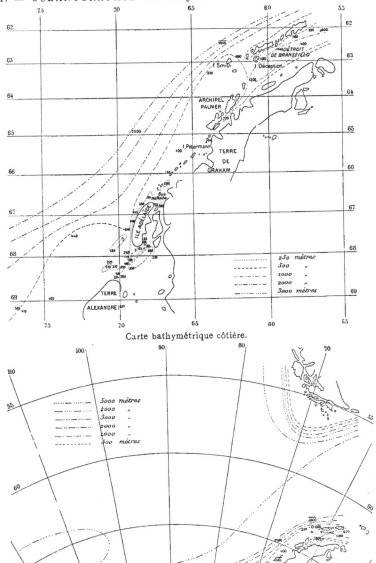

Carte bathymétrique côtière.

Carte bathymétrique d'après les sondages de *La Belgica* et du *Pourquoi-Pas?*

MASSON ET Cie, ÉDITEURS

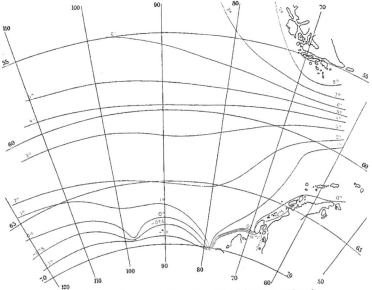

Carte des températures de l'eau de mer en Décembre et Janvier.

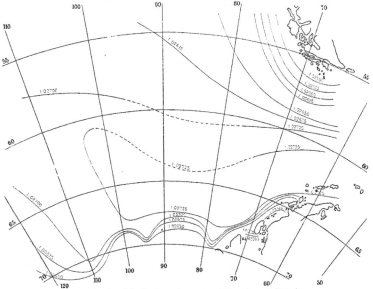

Carte des densités de l'eau de mer en Décembre et Janvier.

MASSON ET Cⁱᵉ, ÉDITEURS

CPSIA information can be obtained
at www.ICGtesting.com
Printed in the USA
BVHW04*0758090718
521161BV00011B/210/P

9 780484 280112